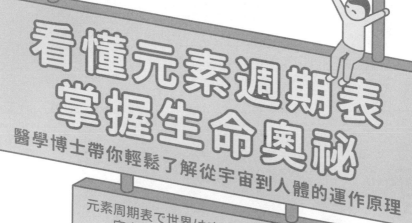

看懂元素週期表
掌握生命奧祕

醫學博士帶你輕鬆了解從宇宙到人體的運作原理

元素周期表で世界はすべて読み解ける
宇宙、地球、人体の成り立ち

作者
吉田隆嘉
吉田たかよし

譯者
黃瓊仙
張秀慧

前言

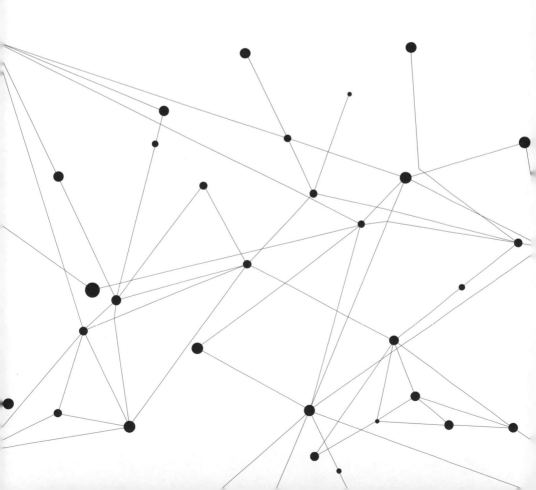

週期表與京都的美麗關係

各位曾經在京都街頭漫步嗎？我會深受元素週期表吸引，原因就在於京都的街道。

如各位所知，京都街道呈現東西向與南北向垂直交叉的棋盤狀分布。如此井然有序的街道，就是我出生長大的地方。

四條河原町是京都的繁華中心，它位於南北走向的河原町通與東北走向的四條通*交會之處，因此得名。

從四條河原町朝向北方，沿著河原町通散步，是我最愛的路段。一直往前走，會穿越河原町三條、河原町二條，最後抵達北端的葵橋。隨著四條通、三條通、二條通的路名數字漸漸變小，遠遠就可望見的北方比叡山則越來越靠近，看起來更加清晰。兒時的我，始終覺得京都街道所散發的秩序感相當宜人。

後來我離開京都，就讀東京的大學，專攻量子化學。量子化學是一門不仰賴實驗，而是透過電子軌域理論計算，闡明化學反應本質的學問。

在我全心研讀量子化學的期間，某天從壁櫥拿出高中時代的化學課本，一邊想著「好懷念啊」，一邊翻開睽違許久的課本。當首頁的元素週期表映入眼簾那一瞬間，日漸遺忘的故鄉京都街影也再度浮現腦海。

我認為，元素週期表的秩序與京都的世界觀有契合之處。

舉例來說，元素週期表從右邊數來第二列，縱向排列的五個元素氟、氯、溴、碘、砈，在我看來恰似河原町通。

這五個元素稱為「鹵素」，每往上一格，它們的性質就有些微不同，這種感覺恰似「沿著河原町通往北走，就會越來越接近比叡山」。一如京都街道，元素排列所呈現的整齊秩序，以及清楚羅列所有元素的週期表，都令人非常喜愛。對我而言，週期表的秩序之美相當迷人，使我深感迷戀。

除了剛剛提到的鹵素，週期表最右列的「鈍氣」、最左列的「鹼金屬」、左邊數來第二列的「鹼土金屬」等等，週期表元素就是如此井然有序。正因此，每次看著週期表，我的腦海裡總會浮現漫步河原町通的體驗。

元素週期表給我的印象，正是這般深具魅力、讓人心動的美麗存在。

然而遺憾的是，或許只有我對元素週期表有這種感覺。

各位一聽到週期表時，有什麼樣的想法呢？

「背誦那些元素很麻煩。」

＊**審訂**：「通」是指大馬路，後方提到的「河原町通」是河原町該行政區的主要道路之路名，就像台北還沿用的「一條通」、「三條通」。

「週期表很無趣，化學也很討厭。」

「念書真痛苦，世上如果沒有元素週期表該有多好！」

絕大多數的人，應該都抱持這類負面看法吧？

目前為止，我不曾聽過有人說：「週期表真的很有趣呢！」或「讀高中時，我就覺得週期表很浪漫。」事實上，我自己是個高中生時，一點也不認為週期表有意思。

回想起來，當時無法感受到週期表的魅力，原因在於化學課的週期表教學有兩大缺點。

第一個顯而易見的缺點是：老師們並未清楚傳達週期表有什麼功能。即使到了現在，週期表的教學情況仍然沒有改善。

既困難又簡單的學問

雖然覺得研究量子化學很浪漫，但我最終想從事攸關人命的工作，於是再考進醫學系就讀。畢業後當了醫生，在研究營養素與毒物的過程中，第一次感受到週期表的實用性。專攻科目從化學變成醫學之後，才愛上週期表，我想這並非偶然。正是因為累積了許多「週期表有助於理解一切事物」的實際體驗，才會對它產生興趣。

由此可見，學習週期表時，必須站在「對於醫學和健康有何助益」的角度來看待元素。當然，本書會盡可能積極地從這

個觀點切入。這也是身為醫生的我，想要撰書解說週期表的理由。

學校在教導週期表時，沒有讓學生充分瞭解週期表的本質，才會導致孩子們無法對它產生興趣。

我在念高中時，也曾努力死背週期表的元素名稱及性質，當時心想：「週期表不過就是元素一覽表嘛！」直到大學專攻量子化學，對於週期表的看法有了一百八十度大轉變。

如果現在問我「週期表是什麼」，我會毫不猶豫地回答：

週期表就是不仰賴公式，表現出量子化學結論的圖表。

量子化學是使用公式解說元素性質及化學反應的學問。理論上，整個宇宙，包含地球在內，所有的化學反應都能以公式表示。

然而，公式太複雜了，不易計算。一九八一年的化學諾貝爾獎得主福井謙一博士針對這個課題，新提出邊際軌域理論（Frontier orbital theory），證明只要計算部分軌域，就能說明所有的化學反應。

話雖如此，若要透過五感理解化學反應，由公式所描述的元素性質就必須模式化。實際上，在量子化學的世界中，唯一成功模式化、讓每個人都能一目瞭然的就是週期表。

所以，週期表由不懂量子化學的人來教，就會像蟬脫下的殼一樣顯得空洞表面。在高中化學課的填鴨式教育下，週期表當然有趣不起來。

　　因此，我在這本書裡，盡量不用公式來解釋方程式所構成的量子化學世界觀。以求讓各位在閱讀過程中，能感受到量子化學的魅力本質。

　　本書的大致架構如下：

　　第一章說明週期表如何排列，以及元素是什麼。乍看之下很複雜、毫無秩序可言的週期表，只要確實掌握了重點，就會發現所有元素像是美妙交響曲的樂譜，并然有序地排列，奏出和諧的樂章。

　　第二章從元素來看宇宙的構成。自然界的元素並非在地球形成，而是在宇宙誕生的。運用週期表，就能探尋宇宙進化的軌跡。

　　一旦瞭解宇宙的組成，還能解讀各階段的生命進化史。近年來，以美國及歐洲為首，積極投入天文生物學（astrobiology）的研究，這是一門闡述宇宙與生命關係的學問。第三章即根據研究成果，檢視宇宙的元素與人體的元素有何共通點。

　　第四章聚焦於組成人體的元素。人體可以說是凌駕於精密機械之上的高性能裝置，其中特別重要的是神經與肌肉的結

構。讓我們能夠自由活動的機制之中，也潛藏了週期表元素的魔法。

第五章介紹近年來成為熱門話題的稀土。雖然統稱為稀土，但是到底有哪些元素？為何這些元素會影響全球經濟？再者，稀土元素在週期表上像是位處「邊緣組」，這也大大影響了週期表現今的面貌。此外，為了更完美呈現元素的性質，可想而知有各種類型的週期表。因此，將介紹幾種不拘泥於既有觀念的獨特週期表類型。

元素在常溫下分成固體、液體、氣體，第六章便把焦點放在氣體元素。包圍我們的大氣裡，究竟有哪些元素？週期表所呈現的世界觀中，我認為最美的是位於右側、被稱為「鈍氣」的六個元素。我將詳細說明，為什麼週期表擁有如此美麗的特徵。

除了維持生命必需的元素，環境中也存在許多有毒的元素。因此最後一章便以日本過去發生過的四大公害疾病為例，談談元素的毒性。

來吧，讓我們帶著這張如同金銀島航海圖的週期表，展開探索宇宙與人體之謎的大冒險！大可拋開「看起來很難」的疑慮，只要仰賴週期表這個羅盤，就絕對不會迷路，一定能順利抵達金銀島，盡情享受大自然原理所創造的壯麗景致。看完這本書，相信你會對自然科學更有興趣。

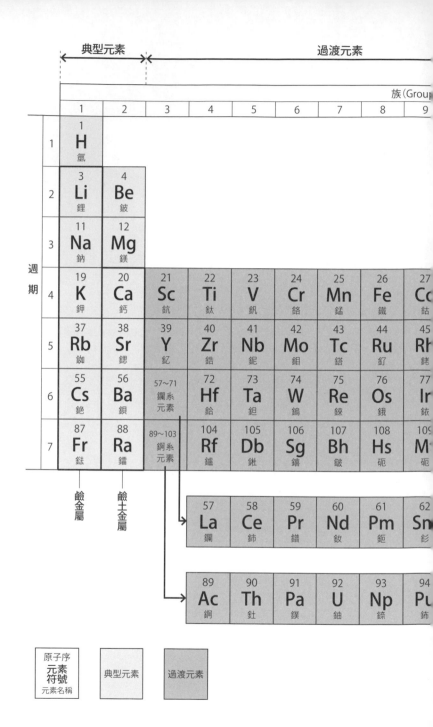

典型元素

10	11	12	13	14	15	16	17	18
								2 He 氦
			5 B 硼	6 C 碳	7 N 氮	8 O 氧	9 F 氟	10 Ne 氖
			13 Al 鋁	14 Si 矽	15 P 磷	16 S 硫	17 Cl 氯	18 Ar 氬
28 Ni 鎳	29 Cu 銅	30 Zn 鋅	31 Ga 鎵	32 Ge 鍺	33 As 砷	34 Se 硒	35 Br 溴	36 Kr 氪
46 Pd 鈀	47 Ag 銀	48 Cd 鎘	49 In 銦	50 Sn 錫	51 Sb 銻	52 Te 碲	53 I 碘	54 Xe 氙
78 Pt 鉑	79 Au 金	80 Hg 汞	81 Tl 鉈	82 Pb 鉛	83 Bi 鉍	84 Po 釙	85 At 砈	86 Rn 氡
110 Ds 鐽	111 Rg 錀	112 Cn 鎶			※		鹵 素	鈍 氣

63 Eu 銪	64 Gd 釓	65 Tb 鋱	66 Dy 鏑	67 Ho 鈥	68 Er 鉺	69 Tm 銩	70 Yb 鐿	71 Lu 鎦

95 Am 鋂	96 Cm 鋦	97 Bk 鉳	98 Cf 鉲	99 Es 鑀	100 Fm 鐨	101 Md 鍆	102 No 鍩	103 Lr 鐒

※編注：目前週期表已有118種元素

113 Nh 鉨	114 Fl 鈇	115 Mc 鏌	116 Lv 鉝	117 Ts 石田	118 Og 鿫

目錄

第二章　透過週期表解讀宇宙

第三章　不斷產生化學反應的人體

第四章　身體活動之奧祕

第五章　稀土元素不是「邊緣組」！

第六章　美麗的鈍氣和氣體世界

第七章　從週期表認清風險與健康

後記

第一章
週期表寫了什麼內容？

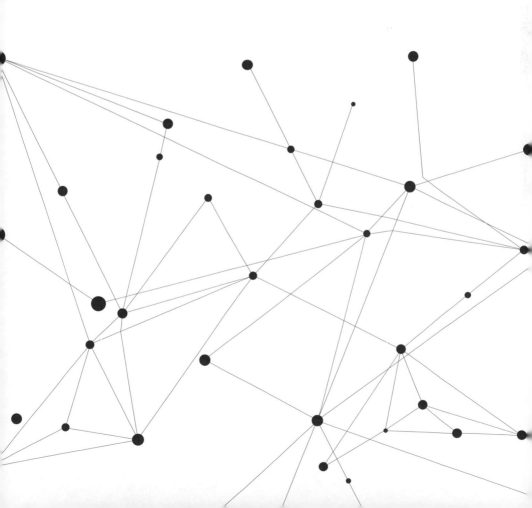

元素週期表要從兩側下手！

在週期表中，性質相似的元素排在同一縱向的列，稱為「族」。從左側開始，依序是第 1 族、第 2 族、第 3 族……最右側則是第 18 族。

學校在教週期表時，通常都是由左到右「第 1 族元素有……第 2 族元素有……」按照順序講解，對吧？多數教科書及參考書的架構也是「第一章　第 1 族元素」、「第二章　第 2 族元素」。

可是，研究化學的專家們有不同的看法。縱觀週期表時，只有一個大原則：

週期表不是從左側開始認識，而要從左右兩側下手。

想要踢贏足球比賽，與其去攻擊守備堅實的中線，不如從兩翼突破。學習週期表的道理也一樣。從兩側開始著手的話，可以更有效率地理解。因為越靠近兩側，縱列元素的特徵更明顯。

另一方面，週期表中間附近的元素，電子組態情況越顯複雜。因此，雖然是同一縱列，各元素性質未必相似。

我個人並不喜歡「族」這個名稱。日文中提到「族」這個

看懂元素週期表，掌握生命奧祕

字，會讓我聯想到暴走族，再更早以前，也流行過太陽族 [1]、御幸族 [2] 等名詞，這些名詞的定義不只是指同類型的人，總覺得都帶有一點反社會的意涵存在。就像「族議員」這個名詞，也明顯含有負面否定的意涵。

　　換成英語的話，第 1 族、第 2 族、第 3 族則稱為 Group 1、Group 2、Group 3。這是非常簡單的稱呼，覺得英文名稱更有親近感。雖說學者總喜歡使用艱澀名詞，但我個人並不覺得日文名稱好。

　　其實我跟其他研究人員聊到週期表時，在日本也是較多使用 Group 的說法。所以在本書中，接下來我想以 Group（組）來表示週期表縱向（列）的元素。*

譯註 1：太陽族是日本當代作家石原慎太郎於 1955 年出版的小說《太陽的季節》中主角的統稱。這些人是出身富裕家庭的青少年，自幼嬌生慣養，不愛學習與勞動，生活奢華，放蕩不遵守社會秩序、倫理道德，簡直是家庭與社會的寄生蟲。

譯註 2：御幸族是指六〇年代不受傳統觀念束縛，強調自我獨特思想與行為的年輕人。因為這些年輕人在 1964 年時，經常聚集於東京銀座的御幸路（みゆき通り），所以稱為「御幸族」。

＊審訂：關於週期表，若依作者原意，他是喜歡用英文的 Group，但在其他地方，他還是用日本慣用的「1 族 2 族……」。在台灣通用的則是「第？族」，一般標示時常常新舊同時書寫，「第 1（IA）族」稱之「鹼金屬」、「第 18（ⅧIV）族」稱之「鈍氣」。統一用阿拉伯數字及羅馬數字符號，就像該書或一般教科書一開始出現的週期表，都會出現新舊表示法。

縱向（列）相似的主族元素、橫向（行）相似的過渡元素

從元素名稱也能看出，週期表兩側與中央附近的元素性質有所不同。

兩側的 Group 1 到 Group 2、Group 12 到 Group 18 稱為「主族元素」＊。表示這些元素的週期性是其主要的特徵。

另一方面，Group 3 到 Group 11 稱為「**過渡元素**」。過渡有「遷移轉變」的意涵。同時也是連結週期表典型元素 Group 2 到 Group 12 的「連結元素」。

雖說是連結，並不代表就是好元素的意思。過渡元素缺乏縱向的連結性，而橫向元素之間的性質相似，因為剛好是 Gorup 3 慢慢地一點一點連結至 Group 11，所以才會賦予「連結元素」的名稱。

縱向排列的元素彼此的性質究竟有多相似呢？如果要幫主族元素排名，我心目中的前四名如下所述。

① Group 18（鈍氣）
② Group 1（鹼金屬）
③ Group 17（鹵素）
④ Group 2（鹼土金屬）

其實第二名和第三名的情況有點微妙，也有研究學者認為 Group 17 的性質相似度比 Group 1 高。不過，愈靠近兩端的直

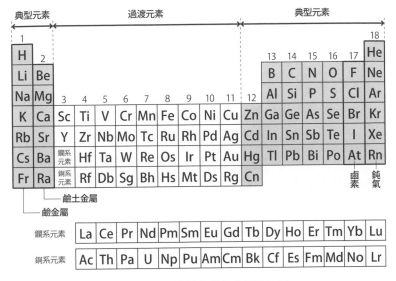

圖 1-1 元素週期表從左右兩側下手

列元素性質相似度越高，越往內側性質相似度則遞減，關於這一點沒有人否認過。

相似度最高的是 Group 18 的鈍氣，這一點是毫無疑義的。因為 Group 18 的元素電子軌域填滿電子。所以，屬於這一組的元素，除了部分例外狀況，就算與其他原子接觸，也不會產生化學反應。

關於鈍氣，將於第六章詳述。

＊審訂：又稱為典型元素，意味著會典型地顯露出這些元素的週期性。

預言說中的未知元素

　　所有的原子中心部分有個原子核，原子核周邊有電子旋轉運動。原子核是由帶正電的質子與不帶電的中子所組成。另一方面，環繞原子核周邊的電子是帶負電。因為原子是電中性，所以原子核的質子數與核外環繞的電子數是相等的。

　　原子核的質子數量稱為原子序。簡單地說，週期表就是依照這個原子序的順序，將元素從左至右排列的圖表。第一個元素是質子數 1 個的氫，第二個元素是質子數 2 個的氦，第三個元素是質子數 3 個的鋰，然後就以此類推。

　　圍繞原子核旋轉運動的電子數當然也跟原子序一致。換言之，電子數量會隨著原子序的順序而遞增。於是，照週期表的排列情況來看，外圍電子狀態相似的元素會直式排列在一起。

　　西元一八六九年，俄羅斯化學家門得列夫（Mendeleev）發現元素的性質相似這點是有週期性的，於是將這個法則整理成一覽表，這就是週期表的誕生。在尚不理解原子結構的當時，能將各個元素的相關性以圖表來表示，堪稱是劃時代的發現。

　　而且，製成一覽表後，最明顯的便利之處就是**預言未知元素**。門得列夫在週期表中，將尚未發現該元素的位置保留了空格。並且預言應該列在該位置的元素，還取了暫定名稱。

　　譬如，週期表元素鋁（Al）的下一個空格要列入的元素，

取名為「EKA 鋁」（類鋁），矽（Si）下一個空格要列入的元素取名為「EKA 矽」（類矽）。「EKA」是梵語，意思是「一」，「EKA 鋁」就是指鋁的下一個元素，「EKA 矽」就是指矽的下一個元素。

後來，真的發現了「EKA 鋁」和「EKA 矽」。首先是一八七五年，法國化學家布瓦博德蘭（Paul Emilt Lecoq de Boisbaudran）從鋅的硫化礦物中發現了鎵（Ga）。依據鎵的性質，可知道鎵就是要列入週期表中，門得列夫取名為「EKA 鋁」的空格裡。

接下來一八八六年，德國化學家溫克勒（Clemens Alexander Winkler）從硫銀鍺礦的銀礦石中，成功單獨分離出鍺元素（Ge）。這個鍺元素，已經確認就是要填入週期表中、門得列夫命名為「EKA 矽」空格的元素。

像這樣，新的元素陸續被發現，且如門得列夫所預言，週期表中的空格被填滿了。因此，人們不再懷疑週期表的正確性，週期表也躍上化學舞台。對於門得列夫的慧眼與卓見，只有佩服二字。

可是，我覺得現在的週期表教學過於重視這樣的史實性。雖然很尊敬門得列夫，但如果想體會週期表的真正魅力，對於本書前言所提到的量子化學，必須具備某種程度的理解才行。因為週期表是不仰賴公式，而清楚表達出量子化學的結論的一門學問。

何謂量子化學？

那麼，量子化學究竟是闡明何種事項的學問呢？雖然大家對於週期表感興趣，但是一旦提到對於量子化學要有某種程度的理解，應該會有許多人拒絕吧？就連專攻化學的學生，也有人會在量子化學這方面碰壁。

人體約有 10^{28} 個原子。10 的 28 次方叫做「穰」，換句話說，構成人體的原子有一穰個。數字是以四位數進階，順序為萬、億、兆、京、垓、秭、穰，所以從原子的角度來，我們人類所生存的世界是何其大啊？希望大家先理解這個觀點。

我們人類所處的「一穰個原子的世界」的常識，並不適用於「一個原子的小世界」。譬如，晚上七點三十分整，於澀谷車站的忠犬八公銅像前集合。在我們所生活的這個大世界，可以像這樣同時確定出時間與位置。因此，除非是天性懶散的人，應該都能準時在地點集合。可是，在一個原子的小世界裡，這樣的常識無法通用。因為時間與位置無法同時確定。

決定了時間，就無法確定位置；決定了位置，便無法確定時間。這就是「不確定性原理」（Uncertainty Principle）。無法同時確定位置與時間，只能以機率的方式確定。在原子的微觀世界，只有機率的物理法則支配一切。

看到這裡，應該有半數以上的人說「看不懂」吧？其實剛

開始我的想法也跟各位一樣。老實說，我學了量子化學後，也只學會以公式表示機率而已，是否真的理解，無法確定。

不過，這麼說並非在辯解，也不是因為我不夠用功的緣故。想透過一穰個原子世界的常理去理解一個原子的世界，本來就是不可能的事，而且也真的是毫無意義的事。

其實，連被譽為二十世紀最偉大的物理學家愛因斯坦，他也否定量子理論，一直到他辭世了，依舊未予認同。

愛因斯坦留下一句名言：「上帝不會擲骰子。」主張這個世界上的物理現象僅用像擲骰子那樣的概率來表達，就是件奇怪的事。

連以相對論打翻當時所有常理的天才愛因斯坦也無法接受量子理論。像我們這樣的凡人要憑直覺理解，根本不可能。

可是，雖然如此，也沒有必要就放棄。量子化學方面，學會使用公式分析機率就夠了。其實我也是以這一招走遍天下，且暢行無阻。

本書會使用模式化圖表說明。如果能因此抓到要訣，就已足夠。不過，不要過度模式化，目的只是要表示機率而已──在你的大腦某個角落請確實記住這件事。

圍繞原子核的電子「存在機率」

　　許多人的認知應該是，原子核周邊的電子是繞著圓形軌道轉動。這麼說並沒有錯。

　　不過，原子的真正樣貌並非如此。在這個不確定性原理運行的微觀世界中，要電子在某個瞬間就是固定於某個位置，是不可能的事。

　　若要形容電子的位置，就如圖 1-2，宛若雲朵形狀。所謂電子的這顆「粒子」，並不是在某個時間點就會固定於原子核周邊的某個特定位置，正確說法應該是，原子核周邊像雲朵般的擴散狀況就是電子的存在「機率」。

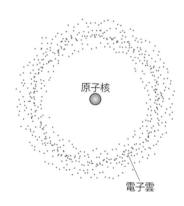

原子核

電子雲

圖 1-2 電子雲

看懂元素週期表，掌握生命奧祕

這種機率稱為「電子雲」，為了便宜行事，又稱為「電子軌域」。說得更正確的話，原子核周邊的擴散狀況就是指「電子的存在機率」。

$$\left[-\frac{h^2}{2m}\frac{d^2}{dx^2} + U(x) \right] \psi(x) \ = \ E\psi(x)$$

薛丁格方程式

使用上面的「薛丁格方程式」（Schrodinger Equation），可以算出電子存在機率。換言之，薛丁格方程式是闡明元素性質及化學反應的方程式，屬於量子化學這門學問。

以後有機會再跟各位詳述薛丁格方程式，但如果將這個程式套用於我們所居住的世界，將會得出以下的公式。

動能＋位能＝總能量

我第一次看到這個方程式時，也覺得非常複雜。不過，包含所有生命活動在內的地球上所有的化學反應，可說都是因循這一個方程式而產生的現象。這麼一想，竟覺得大自然的原理其實簡樸美麗，讓人深受感動。

而這個方程式，一般而言只有借助高功能電腦之力才能解開。因此，這方面的領域被稱為「計算化學」，且現今已扮演著量子化學的核心關鍵角色。

電子從內層軌域開始排列

　　只要解開方程式，就能知道每個電子是依循何種軌域運轉。我在專攻量子化學的時期，每天都拚命地在解方程式，不過，這確實是一門相當複雜的學問。

　　在八〇年代，當時電腦性能差，就算只是個粗淺的計算公式，也要花大約一週時間才能解開。因此，有時差點趕不上研究發表時間，經常緊張到冒冷汗。

　　即便現在電腦性能不斷提升，除了氫等極少部分的元素，仍無法完全解明電子軌域。換句話說，電子軌域或是非常深奧的，越了解就越覺得它複雜，所以本書只整理出重點作介紹。

　　想解開原子的相關方程式，必須先算出電子的「波函數」及「能量」。波函數象徵電子的運動狀態，所以波函數這個絕對值的平方就相當於電子的存在機率。換言之，波函數決定了電子雲的形狀。

　　另一方面，能量指每個波函數（電子運動狀態）所持有的

能量多寡。想知道每個軌域的電子排列順序，必須先求出其能量。

　　每一個電子軌域所擁有的能量多寡都不一樣。就像水會從高處往低處流，若從低處開始流動的話，就會依序變成積水一樣，電子也是從低能量的軌域開始依序填滿。雖然也有例外，但一般說來越往內層的軌域，其能量越低。因此，元素的電子是從內層軌域開始依序填補。

決定元素性質的「剩餘電子」

　　那麼，請仔細看一下週期表。我在前言提過，週期表與京都的街道排列情況相似。京都地名就是東西走向街道與南北走向街道的交叉點，以四條河原町為例，就表示這裡是東西走向的四條通與南北走向的河原町通的交叉點。

　　跟京都街道一樣呈棋盤狀排列的週期表，也是從縱向與橫向的交叉點，就能看出元素的性質。

　　首先介紹縱向排列的元素。週期表同一縱列的元素，到底有何涵義呢？

　　關於元素與週期表的關係，存在著以下兩大重點。

1. 週期表縱向（列）的元素最外層的電子狀態極為相似。
2. 元素的性質通常取決於最外層的電子數量。

當電子從內層軌域依序填滿後，剩下的電子會進入最外層的軌域。多數情況下，縱向元素的「剩餘電子數」是一致的。因此，性質相似的元素會縱向排列聚集。

有件事想提醒大家，人體是以最外層的電子數判斷元素性質，並依此來決定是否將這項元素吸進體內。

先舉日本東北大地震引發福島核災事件後，常從新聞報導聽到的銫（Cs）與鍶（Sr）2 個元素為例，說明電子軌域的結構。

被人體誤吸的元素

為了避免因福島核災事故發生體內曝露的危險，當時大家應該都曾透過電視節目或報紙聽到或看到這樣的報導。

「攝取鉀，避免銫囤積在體內。」

「攝取鈣，避免鍶體內囤積。」

為什麼要這麼做呢？

各位請看週期表，銫與鉀在同一縱向，銫在鉀的下面第二個，而鍶則在鈣的正下方。像這樣「同一縱向的上下位置關係」，也是解讀週期表的關鍵之一，表示兩者容易引發體內曝

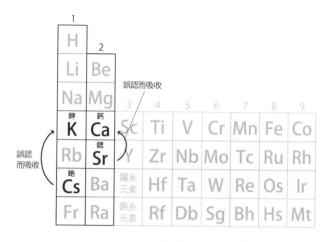

圖1-3 將銫和鍶誤以為是鉀和鈣而吸收

露的根本原因。

　　鉀有活化神經、肌肉細胞的功能，乃是人體不可欠缺的元素，所以人體會想要積極攝取。這時候，會把最外層電子數相同的銫誤認為鉀，而吸收至體內。

　　可是，當人體原本就攝取足夠的鉀，人體會自行判斷不再需要鉀，就不會積極攝取。於是，誤把銫當成鉀而吸入的量也會變少。

　　鍶也是相同的道理。鍶的最外層電子狀態與上面的鈣相似，人體會把鍶誤認為鈣而吸入。所以，為了避免吸入鍶，平常一定要攝取足夠的鈣。

鹼金屬族群

　　銫的原子序是 55。也就是說，它的原子核內有 55 個質子，原子核外圍的電子同樣有 55 個在運轉。可是，這些電子並非隨意運轉。電子如何圍繞原子核周邊運轉，一切由前面所提的「電子軌域」所決定。

　　關於銫的電子組態*重點就是，只有 1 個電子在最外層的軌域運轉。剩下的 54 個電子剛好填滿內層的幾個軌域而運轉。因此，銫會有多出來的 1 個電子孤獨地在外層軌域運轉。對細胞而言，這個現象具有決定性關鍵。

　　除了銫，多數元素的化學反應狀況都與最外層的電子排列有關。內層軌域的電子狀況當然也不是與化學反應毫無關係，然而，最重要的是最外層的電子。

　　譬如，原子與其他原子結合，形成分子時，2 個原子會靠在一起，而產生反應現象。在與外來原子反應之際，影響最大的就是最外層的電子，這個大家都能想像得到吧！

　　鉀元素的原子序是 19，質子數與電子數也是 19 個。其中有 18 個電子在內層軌域運轉，也填滿了內層軌域，只有多出來的 1 個電子在外層軌域運轉。

　　請比較圖 1-4 的銫與鉀。就大小而言，鉀遠比銫小多了，可是兩者都一樣只有 1 個電子在最外層軌域運轉。

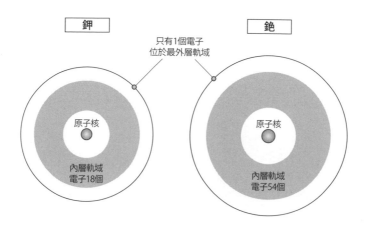

圖 1-4 銫與鉀的電子組態

在週期表中，銫和鉀都屬於最左列的第 1 族。第 1 族元素的排序為氫（H）、鋰（Li）、鈉（Na）、鉀（K）、銣（Rb）、銫（Cs）、鍅（Fr）。如圖 1-5 所示，每個元素於內層軌域運轉的電子數目皆不相同，但是最外層軌域一樣只有 1 個電子運轉。

這幾個元素中，只有氫是特例，其餘從鋰到鍅就叫做「鹼金屬」。鹼金屬元素容易失去最外層的 1 個電子，形成+1 價陽離子，其化學性質也極為相似。雖然都是金屬，但溶於水後會變成鹼性溶液，所以稱為鹼金屬。

＊審訂：電子組態又稱電子排序，電子構型，電子在原子或分子結構中的排序情形。

第一章 週期表寫了什麼內容？

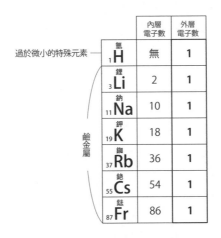

	內層 電子數	外層 電子數
過於微小的特殊元素 —— 氫 ₁H	無	1
鋰 ₃Li	2	1
鈉 ₁₁Na	10	1
鉀 ₁₉K	18	1
鉫 ₃₇Rb	36	1
銫 ₅₅Cs	54	1
鍅 ₈₇Fr	86	1

圖 1-5　鹼金屬元素的電子數

　　氫之所以被排除在鹼金屬之外，因為它原本就是只有一個電子的元素，原子本身非常微小，這個現象會對反應方式或性質造成影響。其實第 1 族元素中，只有氫是氣體，不是金屬。

　　可是，如果讓氫承受遠超過四百萬氣壓的高壓時，氫也會轉換為金屬。這個形成物稱為「金屬氫」，表示其性質跟鹼金屬一樣。因此大家認為在高壓力的木星或土星內部，金屬氫確實存在。

　　將這些元素整理於週期表，鹼金屬元素就是最左側縱向那一行，如圖 1-5 所示，外層電子排列狀況一目瞭然。能夠解讀至此，才稱得上瞭解週期表的真髓。

銫導致的惡性腫瘤

鹼金屬元素中，鉀是對人體而言非常重要的元素之一。這件事會於第四章詳述，人體全身的肌肉與神經皆是拜鉀之賜才能產生作用。

除此之外，鉀對於所有細胞也扮演著各種功能。構成人體的六十兆個細胞當中，每個細胞都會利用到鉀。

植物界也富含鉀。尤其是馬鈴薯和黃綠色蔬菜的含量更豐富，當我們攝取這些食材，等於也吸收了鉀，會將養分送抵肌肉和神經等全身細胞。

可是，如果誤食含有放射性元素銫的食物，就會遵循鉀的輸送管道，傳遍全身。於是，就從體內散發出輻射線，變成體內曝露。

輻射物質銫是導致胃癌、肺癌、大腸癌、白血病等所有惡性腫瘤疾病的原因。要是人體把銫誤認為全身細胞所利用的鉀而吸收，銫就會傳遍全身所有細胞。

鹼土類金屬族群

接下來介紹跟銫一樣因福島核災事故而成為問題焦點的

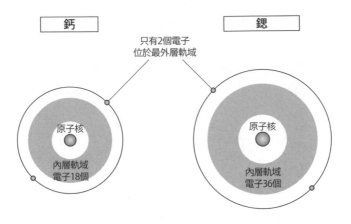

圖 1-6　鍶與鈣的電子組態

鍶。其性質幾乎與鉋一樣，不同點在於最外層軌域的電子數不是 1 個，而是 2 個。

　　鍶的原子序是 38，構成原子核的質子數與環繞原子核的電子數都是 38 個。因為其中 36 個電子填滿內層軌域，多餘的 2 個電子便在外層軌域運轉。

　　此外，原子序 20 的鈣，其質子數和電子數都是 20。其中 18 個電子填滿內層軌域，多餘的 2 個電子一樣於最外層軌域運轉。

　　因為兩者的外層軌域都有 2 個電子，人體就會把鍶誤認為鈣而吸收。

　　鍶與鈣都位於週期表左側算來的第二縱向（列），屬於第

2族。第2族元素從小至大依序為鈹（Be）、鎂（Mg）、鈣（Ca）、鍶（Sr）、鋇（Ba）、鐳（Ra）。這些元素最外層軌域都是2個電子，當失去這2個電子，就會形成為+2價陽離子。

放射性元素鍶所造成的風險

放射性元素鈽是導致所有惡性腫瘤疾病的原因，但如果體內吸入放射性元素鍶的話，罹患白血病的風險會大幅提升。

這是因為，全身98%的鈣是存在於骨頭（主要成分是磷酸鈣），被誤以為是鈣而吸入的鍶就會傳至骨頭裡。

滲入骨頭的放射性元素鍶會對周遭發射輻射線。骨頭當然就會因此而長出惡性腫瘤，這就是骨肉瘤。

可是，當體內有放射性元素鍶，恐將發生比骨肉瘤更嚴重的惡性腫瘤疾病，那就是白血病。

紅血球與白血球都是在骨頭裡的骨髓所製造。提到骨頭，大家會聯想到它是白色硬物，其實這是指骨頭表面部分，稱為骨皮質。骨皮質就像包住骨頭的保護層，其裡面存在著帶紅色的骨髓質。

各位如果有機會吃到炸雞時，請一定要敲碎骨頭觀察一下。將骨頭敲碎後，在白色硬滑的骨皮質裡面有著紅黑色的脆

碎部分，人跟雞一樣，紅血球與白血球就是在這個脆碎部分所製造。之所以會是紅黑色，主要是因為紅血球的血液細胞（紅芽球）的顏色。

因為血球是由骨髓所製造，進入骨頭的鍶所放射的輻射線不僅會傷害骨頭細胞，當然也會傷害附近的骨髓細胞。而且，對於骨髓健康的危害程度更嚴重。因為骨髓會不斷進行細胞分裂，以極快速的速度持續製造血球。

癌細胞入侵細胞的時間點

曝露輻射線下，細胞會癌化，而最容易癌化的時間點就是細胞分裂的瞬間。

對生命體而言的重要遺傳基因，平常會整齊地折疊在細胞裡，嚴密地收納於細胞裡。

遺傳基因主體是雙股螺旋結構的細線條狀 DNA。線條細似乎容易斷，但因為呈現整齊的捲線狀態，所以不會輕易斷掉。因此，就算少量體內曝露於輻射線下，也不至於傷害到遺傳基因。可是，只有在細胞分裂之時，才會出現瞬間危機。

當一個細胞分裂成兩個細胞時，遺傳基因也必須複製成兩份。因此，細胞就會鬆開平常整齊折疊的遺傳基因，變成細長

看懂元素週期表，掌握生命奧祕

繩狀，也就是赤裸的狀態。這時候如果照射到輻射線，遺傳基因就會輕易遭到破壞。遺傳基因的破壞方式不良的話，很不幸地就會癌化。

因為要生產大量的紅血球與白血球，所以骨髓會激烈地進行細胞分裂。我們體外受到不良影響時後果就夠慘了，何況受到影響的部位是位於體內骨頭的最裡面，製造紅血球與白血球的工廠。

一旦吸入放射性元素鍶，附近就會放射大量輻射線。結果，製造紅血球與白血球的造血細胞會癌化，引發白血病。

被白血病侵蝕的細胞在曝露輻射線下的兩年至三年期間會開始增生，六年至七年後增殖數達到巔峰。相較之下，胃癌或大腸癌等的固體腫瘤的癌症，要歷經更長的時間發病率才會提升。因此，關於福島核災事故的影響，首先必須要對白血病提高警覺。

何謂「週期」？

人體會把銫誤認為鉀，把鍶誤認為鈣而吸入，因為在最外層軌域運轉的電子數相同所致。而且，只要看了週期表，就能明白這個道理，希望各位理解這件事。

接下來，說明週期表橫向（行）的觀察方法。

先前提過，第一個元素是質子數與電子數都是 1 個的氫，第二個元素是質子數與電子數都是 2 個的氦，週期表就是照原子序順序排列的圖表。解讀週期表的重要關鍵為橫向每行的元素數目。

　　第一行只有氫和氦。第二行有碳、氮等 8 個元素，第三行有鈉、鋁等 8 個元素，第四行和第五行都有 18 個元素。

　　這些數字就是電子軌域所能容納的最高數目。當最內層軌域容納 2 個電子就客滿了，第三個電子只好於最外層軌域運轉。所以第一行的元素只到電子數 2 個的氦。電子數是 3 個的鋰就跑到第二行。

　　為了讓各位容易懂，在此以第一行、第二行的說法來說明，正式說法應該是「週期」。第一行的氫與氦是第一週期，第二行的碳和氧等元素是第二週期，第三行的鈉與鋁等元素是第三週期。前面我提過，非常反對把縱向（列）的元素稱為「族」，但是非常贊成把橫向（行）的式元素稱為「週期」。因為週期是可以清楚看出元素所擁有的性質本質的名詞，英文名稱為「period」。

電子的最高數目決定了週期

那麼，接下來研究每個週期的電子排序形態。

第一週期的電子最高數目是 2 個，第二週期的電子最高數目比第一週期多，數目是 8 個。加上第一週期的 2 個電子數，擁有 10 個電子的元素就是到第二週期為止。電子數第 11 個開始就要排序到第三週期。

進入第四週期、第五週期，原子序越來越大，軌域的表面積也變大，電子最高數目一口氣增加為 18 個。因此，這兩個週期就橫向一行排列 18 個元素為止。這就是週期表的結構。

重點是電子最高數目不是隨機而定，第二週期與第三週期都是 8 個，第四週期與第五週期都是 18 個。因此，第二週期與第三週期的元素每隔8個電子就會排成同一行，性質也相似。第四週期與第五週期的元素每隔 18 個電子就會排成同一行，性質也相似。

換言之，意思就是「第二週期與第三週期的元素是每 8 個電子為一週期」、「第四週期與第五週期是每 18 個電子為一週期」。

這些個別的元素都是週期性地重複著相同的性質。因為是依據元素所持有的週期來製成圖表，所以才取名為週期表。

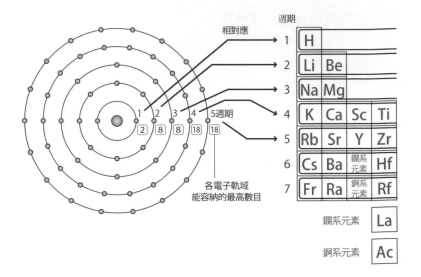

相對應

各電子軌域
能容納的最高數目

週期				
1	H			
2	Li	Be		
3	Na	Mg		
4	K	Ca	Sc	Ti
5	Rb	Sr	Y	Zr
6	Cs	Ba	鑭系元素	Hf
7	Fr	Ra	錒系元素	Rf

鑭系元素　La

錒系元素　Ac

看懂元素週期表，掌握生命奧祕

												He	②
							B	C	N	O	F	Ne	⑧
							Al	Si	P	S	Cl	Ar	⑧
V	Cr	Mn	Fe	Co	Ni	Cu	Zn	Ga	Ge	As	Se	Br	Kr	⑱
Nb	Mo	Tc	Ru	Rh	Pd	Ag	Cd	In	Sn	Sb	Te	I	Xe	⑱
Ta	W	Re	Os	Ir	Pt	Au	Hg	Tl	Pb	Bi	Po	At	Rn	
Db	Sg	Bh	Hs	Mt	Ds	Rg	Cn							

Ce	Pr	Nd	Pm	Sm	Eu	Gd	Tb	Dy	Ho	Er	Tm	Yb	Lu
Th	Pa	U	Np	Pu	Am	Cm	Bk	Cf	Es	Fm	Md	No	Lr

圖 1-7　在軌域運轉的電子與週期的關係

決定電子軌域的四個原則

　　週期表的本質就是元素性質會週期性呈現，那麼現在就來追根究柢，探討為何元素性質會週期性出現？這當中隱藏著讓人震撼的優美理論。

　　如果您覺得瞭解這個原因是件煩人的事，直接跳到第二章也行。可是，如果您好好看完以下內容，一定會更愛週期表。

　　電子軌域全部僅由 3 個量子數來決定：「主量子數 n」、「角量子數 ℓ」、「磁量子數 m」。

原則 1　主量子數 n = 1、2、3……

　　最基本的「主量子數 n」決定電子能量的大小。而且數值是 1、2、3……的自然數（正整數）。大略地說，$n = 1$ 表示最內層的軌道，$n = 2$ 是下一個軌域，$n = 3$ 是再下一個軌域，依此類推，隨著主量子數的增加，形成更外層、

能量更高的軌域。

原則 2　角量子數 $\ell = 0 \sim n-1$

「角量子數 ℓ」是取 0 和小於 n 的正整數，表示電子軌域的形狀。

原則 3　磁量子數 $m = -\ell \sim +\ell$

「磁量子數 m」是取絕對值小於等於角量子數 ℓ 的整數，表示電子軌域的空間伸展方向。

原則 4　一個軌域可填入的電子數最多 2 個

另一個重點是每個軌域的電子至多為 2 個。

超過 100 個的元素所有電子軌域都是由「主量子數 n」、「角量子數 ℓ」、「磁量子數 m」3 個整數所決定。這是一個極簡極美的世界。

可是，事實上這四個原則誕生了一個更偉大的作品——無庸置疑就是週期表。在週期表中，這四個看似有點繁瑣

的原則與所有重要的要點都很簡單地被勾勒在裡頭。

　　或許您會覺得有點難，但如果試著填入數字的話，就容易看懂了。請參考 51 頁的圖 1-8。

・主量子數 n = 1 的情況

　　角量子數 ℓ 大於等於 0，小於 1 的整數，只有 0 這個數值而已。磁量子數 m 也只有 0 這個數值。因為該軌域只有 1 個，所以電子數最多是 2 個。符合的元素就是週期表最上排的第一週期。所以第一週期的元素才會只有氫與氦。

・主量子數 n = 2 的情況

　　角量子數 ℓ 是大於等於 0、小於 2 的整數，也就是 0 或 1。磁量子數 m 的話，當角量子數 ℓ = 0 時，只有 0 這個數值；角量子數 ℓ = 1 時，有 -1、0、1 三個數值。因為每個軌域可有 2 個電子填入，所以合計有 8 個電子。

　　各位看到 8 這個數字，是否有察覺到什麼？是的，就如您想，週期表第二週期是由鋰到氖 8 個元素所組成。無庸置疑這就是指主量子數為 2 的元素。

　　週期表的成功解釋還有許多精采的地方。

• 主量子數 $n = 3$ 的情況

角量子數 l 是大於等於 0、小於 3 的整數，也就是 0 或 1 或 2。

磁量子數 m 的話，當角量子數 $l = 0$ 時，只有 0 這個數值；角量子數 $l = 1$ 時，符合的數值有 -1、0、1 共 3 個：角量子數 $l = 2$ 時，符合的數值有 -2、-1、0、1、2 共 5 個。

因為每個軌域可填 2 個電子，當角量子數 $l = 0$ 時，電子數是 2 個；角量子數 $l = 1$ 時，電子數有 6 個；角量子數 $l = 2$ 時，電子數有 10 個。

單純加總後，主量子數 $n = 3$ 時，電子數變成 18 個。這時候覺得「啊，這樣有點奇怪」的人，感覺真是敏銳！第三週期的元素也是 8 個，並不是 18 個。不過，這就是週期表讓人著迷之處。

角量子數 $l = 2$ 時，能階變高，超越主量子數 $n = 4$ 的部分軌域。因此，剩下的 10 個元素就排到第四週期。

第二週期元素與第三週期元素都是 8 個。雖說是週期，但希望各位明白，兩者元素數目會一致並非偶然。兩者都是角量子數 0 時的 2 個電子與角量子數為 1 時的 6 個電子的加總，合起來共有 8 個。週期表能如此簡單就將這個原理表示出來，確實讓人佩服到五體投地。

同樣的道理也可以印證於第四週期與第五週期。這兩個週期都是由 18 個元素所組成。兩者數字一致當然不是偶然。因為兩者的角量子數是 0 時，電子有 2 個；角量子數是 1 時，電子有 6 個；角量子數是 2 時，電子數有 10 個，全部加總共是 18 個。

　　第四、第五週期的原理和第二、第三週期的幾乎一致，在此就省略計算的步驟，請參考圖 1-8 確認。

　　接下來的第六週期與第七週期也一樣。乍看週期表，看得出來是由 18 個元素所組成，但是再仔細一瞧，鑭系元素與錒系元素則是另列於其他行。事實上，因為這兩個週期都是要再加上角量子數是 3 時的 14 個元素，所以總計是由 32 個元素所組成。在此請留意第六週期與第七週期的組成元素數目一致這件事。

　　看了以上說明，應該能體會到週期表是一個由元素所交織而成的一個充滿週期性與協調性的美麗世界。相鄰的兩個週期就像是一對，性質與數目皆一致。然後每隔兩個週期元素就以定數增加，而且增加的元素定數是 2、6、10、14，各自遞增 4 的數字。

　　我認為，週期表簡直是宇宙原理所譜出的最佳藝術作品。

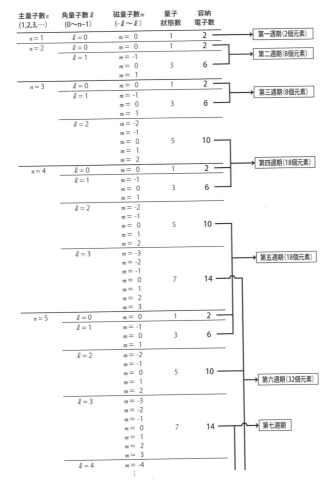

圖 1-8　量子狀態與週期的關係

第二章
透過週期表解讀宇宙

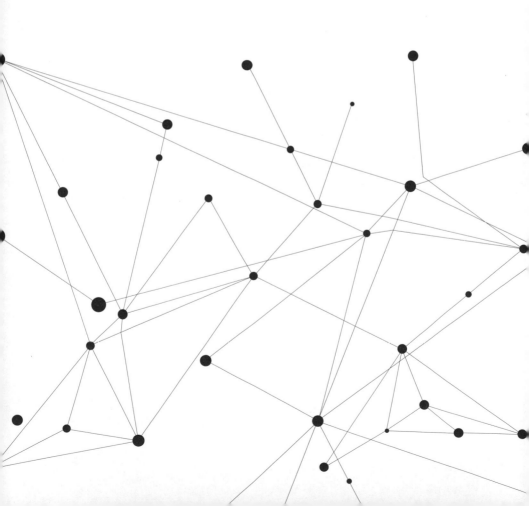

地球不是元素的誕生地

　　大家都有個先入為主的觀念，認為宇宙與週期表毫無關係，其實這是垂直僵化的學校教育造成的弊害。如果能妥善利用週期表，對於宇宙會有更深入的認識。這就是本章節想傳達的宗旨。我甚至覺得週期表本身就是一個宇宙。

　　環繞於我們身邊的元素是從何處來呢？其實除了一部分例外，地球並沒有創造出天然元素。構成人體的元素幾乎都是來自宇宙。

　　元素要誕生，有個決定性的重要條件。那就是溫度必須超過一千萬度。

　　原子核是由質子與中子所組成。因為質子帶正電，質子與質子之間電荷相排斥，無法構成原子核。可是，當靠得太相近，質子或中子之間會產生核力之類的其他作用力，由於這個核力超過電荷排斥力，所以就能維持原子核的存在。

　　湯川秀樹博士是導出這個核力作用機制理論的學者。

　　湯川博士認為，質子或中子與帶有質量的未知粒子互換，彼此吸引產生「核力」。博士為這個未知粒子命名為「介子」（meson），因此他的理論被稱為「介子理論」。

　　十二年後，英國物理學家塞西爾・鮑威爾（Cecil Frank Powell）發現確實存在著介子。因而證明介子理論的正確性，

鮑威爾的這個發現，讓湯川博士於一九四九年成為第一位獲得諾貝爾獎的日本人。

其實這個發現的背後有個有趣的故事。湯川博士一直為失眠所苦，據說某個失眠的夜晚，他眺望著天花板的木板年輪圖案，因而靈光一現，想出了這個介子理論。後來湯川博士曾說，他觀看的這個年輪圖案正中間有兩個形似疙瘩的圖案，而環繞這兩個疙瘩的葫蘆形年輪圖案就像是原子核。

介子理論是以數學公式表示，然而事實上是從年輪圖案導出的理論，這中間的關聯確實耐人尋味。

那麼，回歸正傳吧！

當新元素誕生時，原始原子的原子核與其他原子的原子核必須彼此靠近到核力可以產生作用的距離。可是，原子核與原子核的電荷是互相排斥的，如果要讓兩者靠近，需要超越這個排斥力道的強大能量。也就是要處在無法想像的一千萬度高溫狀態。

地球基本上沒有溫度超過一千萬度的地方。地表溫度當然不及一千萬度，至於地底深處的岩漿頂多是一千度。相較於一千萬度，根本是小巫見大巫。因此，地球上於理無法製造出新元素。

一千萬度以上的高溫才能誕生元素

那麼，在何種情況下，宇宙的溫度才會變成超過一千萬度的高溫？這樣的契機大致可分為三種情況。

①宇宙發生「大爆炸」之後

一百三十七億年前的大爆炸，宇宙因而誕生。因為這是一個創造出無邊無際宇宙的爆炸事件，爆炸後的溫度遠遠超過一千萬度。推估大爆炸後一秒的溫度高達一百億度。

②在太陽之類的恆星發生「核融合」

恆星內部溫度超過一千萬度，不斷有新的元素誕生。太陽是離我們最近的恆星，太陽內部當然也不斷有新元素誕生。太陽核心的溫度高達一千五百萬度，因此，氫元素的原子核融合，誕生出新的氦元素。

不過，太陽也不是每個地方都會發生核融合現象。太陽表面看似在燃燒，但是溫度略低，只有五千五百度，根本不會有新元素誕生。這樣大家就知道會發生核融合現象的一千萬度溫度是件多麼厲害的事。

③壽命已盡恆星的「超新星爆炸」

比太陽大十倍以上的恆星壽命結束時，發生大規模爆炸，就是所謂的超新星爆炸。其實，科學家認為宇宙中比鐵重的元素幾乎都是在超新星爆炸開始的十秒內誕生的。

關於以上三種情況，接下來會分別仔細說明。

原始宇宙是這樣形成的

大家應該都知道，一百三十七億年前發生大爆炸，宇宙因而誕生。為什麼我們會知道發生過過這樣的事呢？

現在透過觀測就能知道宇宙正逐漸膨脹中。因此，在遙遠遙遠的從前，宇宙應該是個極為微小的存在。然後將時間往前推，最初整個宇宙只是一個點的存在。從時間來推算，那是一百三十七億年前的事。

這樣的說法聽起來似乎只是紙上談兵，但是實際上觀測得到被稱為大爆炸所遺留的電磁波＊。如果不認為有那場大爆炸，實在無法自圓其說地好好解釋。

＊審訂：就是宇宙微波背景，早期文獻稱之為「遺留輻射」。

根據現在大家所相信的標準理論，在大爆炸發生的一萬分之一秒後，基本粒子誕生，而這些基本粒子聚集在一起，一秒後就形成了氫（H）的原子核。在大爆炸的三分鐘後，氫的原子核聚集在一起，便形成了氦（He）。因此，92％的氫、8％氦的原始宇宙就這樣誕生了。

後來，誕生的氫集合起來，就創造了恆星。在恆星內部氫原子核發生核融合現象，誕生了氦。在氫轉換為氦之際，產生了龐大的能量，恆星因為這個核融合能量，得以持續發光。

接下來，當氫燃燒殆盡，氦發生核融合現象，依序誕生了碳（C）、氮（N）、氧（O）等重量遞增的元素。

不過，於恆星內部誕生的元素只到鐵（Fe）而已。原子核中，也以鐵的原子核最安定，所以，比鐵重的元素並不是於恆星內部誕生的。

鐵是元素中的優等生

所有元素中，鐵的原子是能量最穩定的狀態，因此，比鐵輕的氫等元素透過核融合，會試圖多少也要變得重一點。

相較之下，鈾（U）或鈽（Pu）等比鐵重的元素，就傾向於核分裂並試圖減輕點重量。譬如，當鈾 235 吸收了中子，就會分裂為氪 92 和鋇 141。

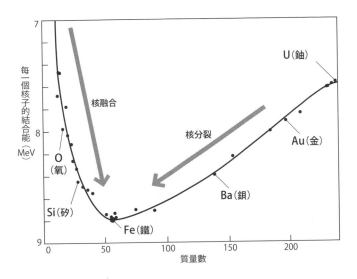

圖 2-1　所有元素都以能量安定的鐵為指標

　　如圖 2-1 所示，隨著氫、氦、碳等原子的重量越來越重，其原子核的結合能（Binding Energy）也會變大。只要結合那麼多，就會讓元素更安定，因此，才以從氫變到氦、從氦變到碳的方式發生了核融合。

　　可是，只有比鐵輕的元素才會發生核融合反應。質量比鐵重的元素，其原子核的結合能反而會變小，更加不安定。因此，與其發生核融合，比鐵重的元素反倒會以最安定的鐵為目標，發生核分裂現象。

我們所熟悉的核能發電或核彈，是因為鈾等較重的元素發生核分裂，多餘能量會轉換為熱能，利用這個反應來發電或製造核彈。換言之，核能發電就是將圖 2-1 中鐵的右側元素的結合能差距轉換為電氣的發電法。

　　此外，太陽所放射的能量，乃是因氫發生核融合，產生的多餘能量轉換為熱或光所致。利用這個能量來發電，就是太陽能發電。至於石油和煤碳，乃是遠古時代的植物將太陽光能轉換成化學鍵結的能量。所以大致說來，火力發電就是利用了圖 2-1 中鐵的左側元素的核融合能量。

　　那麼，比鐵重的元素是如何在宇宙中誕生的呢？

　　比鐵重的元素雖然數量不多，約有 65 種，但各自擔任重要任務。假設沒有鋅（Zn），身體神經就無法正確傳達訊息。沒有碘（I）的話，人體無法製造甲狀腺荷爾蒙，全身代謝功能會變差，甚至生病。銀（Ag）、金（Au）、鉑（Pt）也都是比鐵重的元素，儘管其數量少，但確實存在。

　　這些比鐵重的元素是如何誕生的呢？以前這個問題被視為宇宙之謎，但是現在已經知道，至少有半數以上的元素是因為超新星爆炸而誕生。

超新星爆炸所引起的元素化學進化

太陽再過五十億年，氫等元素會燃燒殆盡，就會變成比現在大一百倍以上的紅色巨星（大氣膨脹，溫度下降，變成紅色的恆星）。如果地球的公轉軌道跟現在相同，地球被太陽吞沒的可能性就會提高。之後，太陽會釋放氣體，從現在開始大約七十億年後，就會變成所謂的白矮星，大小如地球一般，成為宛若白色小屍骸的恆星。

不過，比太陽大十倍以上的恆星內部燃料燒盡時，因為無法支撐其龐大體積，就會發生爆炸。這就是所謂的超新星爆炸。這時會釋放出驚人的能量，在超新星爆炸後的一秒之內，比鐵重的元素便陸續誕生。

現在已經知道，原子核內的中子會碰撞，中子發生 β 衰變（中子與質子、電子轉換為反微中子），並變成質子的話，會發生朝向較重的元素遷移的現象。

發生超新星爆炸時，周遭的宇宙空間會有無數塵埃飛散。當這些塵埃聚集在一起，就會有新的恆星誕生。當這顆新恆星壽終正寢時，又會再發生超新星爆炸，再誕生更重的元素。然後，塵埃再度聚集，誕生新的恆星，最後發生超新星爆炸……宇宙中就像這樣不斷循環，不斷發生超新星爆炸，每次都會誕生更重的元素。

這種現象稱為「元素的化學進化」。化學就是表示元素組合變化情況的專有名詞，對我而言，我認為應該更縝密地下定義，稱為「原子核進化」或「元素進化」或許更適當。

那麼，我們所存在的太陽系已經化學進化至哪個階段呢？如前面所提，太陽本身體積太小，以後都不會再發生超新星爆炸事件。不過，以地球為首，現在太陽系中有比鐵重的元素存在。所以可以說太陽系的化學進化已經到相當高階的階段。

也就是說，在太陽或地球誕生之前，太陽系內就已經發生過超新星爆炸。總之，利用了鋅或碘等比鐵重的元素的人類，就是在宇宙不斷化學進化的歷史演進過程中所形成的個體。

參宿四星的天文秀何時發生？

雖然稍稍有點離題，不過，關於超新星爆炸，有個關鍵重點希望大家能明白。

現在的太空科學家們，都將注意力集中於在不久的將來可能會發生超新星爆炸的恆星，那就是獵戶座的參宿四星。

獵戶座是冬季星座中相當顯著的星座，其中最亮的一顆星是在獵戶座肩部位置的恆星。這是一顆閃著紅色光芒的恆星，任何人應該都能目視得到。

看懂元素週期表，掌握生命奧祕

這顆參宿四星的壽命已經走完 99%，目前處於隨時會發生超新星爆炸的狀態。

這顆恆星正處於壽終正寢前的狀態，對此陸續有一些觀測報告進行報導。「使用哈伯太空望遠鏡觀測，表面出現白色模樣。」、「已經無法維持原本的球形形狀，現在就像是一個大瘤包。」、「正以異常的速度在收縮。」

順便一提，哈伯太空望遠鏡是美國於一九九〇年架設在人工衛星上的望遠鏡，在離地面六百公里上空的軌道繞地球運轉。因為不會受到地表大氣或天候影響，是一部精準度極高的天文觀測儀器。

宇宙浩瀚無邊，每天都會在某個地方發生超新星爆炸現象。可是，發生的地點是更遙遠的其他銀河系。如果將範圍局限於我們所居住的天河銀河系，三十年至五十年才會發生一次超新星爆炸。因為參宿四星離太陽系近，如果參宿四星真的發生超新星爆炸，可以說是二十萬年前我們人類誕生以來的一場最豪華、最浩大的天文秀。

根據東京大學研究團隊的試算報告，當參宿四星發生超新星爆炸時，其明亮度會是滿月的一百倍；澳洲南昆士蘭大學研究團隊則預測，爆炸時的光度是白天時候也能清楚看見的明亮度。

不過，不能確知這顆恆星會於今年或明年發生超新星爆炸。

事實上，就算這一刻參宿四星便發生超新星爆炸也不足為奇，而就算一百萬年後才發生也不是不可能。因為宇宙的時間流逝，就是在這般無盡頭的時間跨距中發生。

宇宙布滿氫元素

以太陽為首的太陽系是由地球、火星等行星，月亮、木衛二等衛星，系川等小行星和隕石，以及哈雷彗星等彗星所組成。圖 2-2 是整個太陽系的各元素存在量表。

因為宇宙實在太浩瀚，研究學者只能以推估的方式計算整個宇宙含有哪些元素。因此，本書以數據資料較明確的太陽系為例，加以說明。

左圖的橫軸是原子序，越往左的元素質量越輕，越往右質量越重。如果對照週期表，圖中偏左側的元素是位於週期表上方位置的元素，越偏右側的元素是週期表越居下方的元素。

縱軸為各元素的存在量。如你所見，越往右邊，也就是週期表越往下方的元素，其存在量遞減。

有件事希望大家牢記，那就是曲線圖縱軸全是對數。每個刻度單位很小，就是 1/10。乍看之下，或許會覺得氧（O）只不過比氫（H）少一點而已。其實兩者之間的差距有 3 個刻

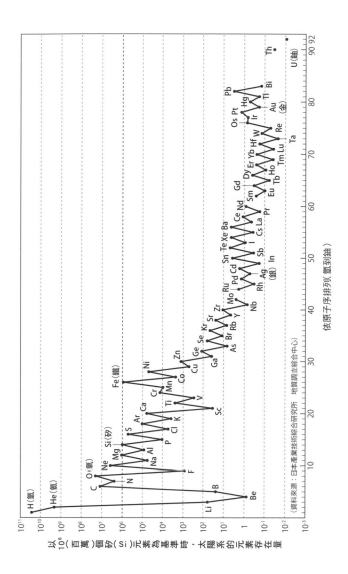

圖 2-2　太陽系的元素存在量

（資料來源：日本產業技術綜合研究所　地質調查綜合中心）

依原子序排列（ 氫到鈾 ）

以 10^6 （ 百萬 ）個矽（ Si ）元素為基準時，太陽系的元素存在量

度之多，就是 1/10 的 3 次方，換言之，氧氣的存在量是氫的 1/1000。說得更精準的話，差距比 3 個刻度還多，太陽系的氧存在量是氫的 1/3000。

就如各位所見，太陽系布滿了氫。以重量百分比來表示的話，太陽系的氫占了 70.7％，氦占了 27.4％，其他元素合起來所占的比例不到 2％。

因為氫很輕，以原子數來看，氫所占比例最多。存在於太陽系的元素，氫占了 90％。氦占所有原子數 9％，剩下的 1％就是其他元素的加總。

如果觀察太陽系外圍，它與隔壁的恆星之間，存在著毫無一物的寬廣真空空間。可是，說得更嚴謹的話，在這個空間裡也存在著極少量的氫。其濃度極為稀薄，加上宇宙空間的體積是無法計算的大，相較之下，氫的含量等於幾乎不存在。

宇宙實態布滿了氫，並含有少量的氦，其他元素等於是若有似無的存在。說得更深入的話，布滿宇宙中、含量豐富的氫就是海水、雨水、血液中水分的形成之源。

距今四十六億年前，環繞太陽周邊的岩石和塵埃聚集，形成了地球。現今地球上所存在的物質有一半以上是當時的元素。為什麼這麼說呢？如我之前所提，存在於宇宙中的元素幾乎都是在宇宙大爆炸後、恆星中心部核融合、超新星爆炸三種情況下誕生的，除了部分例外，地球上並沒有元素誕生。

至少在長達四十六億年的地球歷史中，元素一直沒有任何變化，持續存在於地球中。有變化的並非元素本身，只有元素與元素的組合形式而已。也正透過無數的元素組合變化，而有了生命體的誕生。

　　這麼一想，真的覺得生命是無法捉摸，也無法計量的。同時，也深刻體會到，漫長的元素歷史有著超越人類智慧的莊嚴感。

　　我的量子化學研究報告主題是，解開金牛座的黑暗星雲的化學反應之謎，研究在這星雲中究竟發生什麼樣的化學反應。

　　黑暗星雲是指自體不會發光，加上其背後星雲和星星的光被遮住，感覺比周遭還黑暗的領域。我們研究團隊之所以選擇這個研究主題，是想證明「生命之源胺基酸的誕生地不是地球，而是宇宙」。

　　可是，當時八〇年代的主流學說認為，原始地球的大氣層富含水、甲烷、阿摩尼亞、氫，因為雷鳴閃電而合成胺基酸。一九五三年的尤里米勒實驗（Urey Miller Experiment）讓這個反應實際發生，使這個現象於燒瓶中真實重現。

　　不過，當時也有人提出質疑，因雷鳴閃電合成的胺基酸量，是否足夠創造出生命。眾說紛紜中，有人提出理論，認為在地球誕生前，其實太陽系就擁有豐富的胺基酸也不一定。

當時受到矚目的是金牛座的黑暗星雲。金牛座黑暗星雲的狀態與太陽系形成前的狀態極為相似，如果黑暗星雲有胺基酸形成，那麼在地球誕生之前太陽系就有胺基酸的可能性也會提高。

　　我在第一章提過，量子化學是利用薛丁格方程式來解明化學反應的學問。可是，因為地球重力的關係，讓這個方程式的計算變得更為複雜。

　　另一方面，宇宙空間的重力幾乎是零。因此，以前的電腦可以計算出軌域。雖然不算完整，但成功解開了金牛座黑暗星雲的胺基酸合成過程的部分之謎。

　　後來又證實，原始大氣層的甲烷和阿摩尼亞含量極微，現在，生命之源胺基酸是來自宇宙的理論，被評為相當有力的主流學說。

　　不過，當塵埃與岩石聚集後，地球誕生之時所存在的胺基酸似乎不是人類的生命之源。因為剛誕生的地球是極高溫狀態，胺基酸應該被破壞了才對。

　　而且，大家都認為曾有像火星那麼大的巨大天體撞擊地球，而撞擊時所產生的碎片則形成了月球。這就是名為「大碰撞說」的有力假說，如果這個假說正確，在碰撞的那一瞬間，一半以上的胺基酸應該都遭到破壞了。

那麼，生命體從何而來？現在最有力的假說認為，是彗星從宇宙把胺基酸送至地球。

彗星有著很美的尾巴，學者認為尾巴裡含有水與胺基酸等成分。雖然肉眼看不見，但地球是一邊繞著太陽周圍轉動，一邊橫跨以前彗星穿過的軌道痕跡。一般認為，地球每次橫跨時，便將彗星留下來的水和胺基酸吸過來。

譬如英仙座流星雨，乃是每隔約一百三十三年一次的景況，當地球經過彗星軌道時，重力將斯威夫特・塔特爾彗星遺留下來的塵埃、碎粒吸引至地球，以高速衝向大氣層，摩擦燃燒後發出的短暫光芒。可是，有件事大家可能沒有察覺到，更小的水或胺基酸集合體應該也靜靜地降落於地表上。其他如雙子座流星雨、象限儀座流星雨，已經證實都是彗星留下的塵埃碎粒摩擦燃燒所發出的短暫光芒，同時也應該為地球帶來水及胺基酸。隨著這些成分不斷累積，累積到足以創造出生命體的份量也不足為奇。

我這個人最討厭迷信，也不相信占卜或符咒。可是，每當我抬頭仰望夜空，發現流星時，還是忍不住會許願。如果彗星帶來的胺基酸是生命之源的這個學說正確的話，地球上的生命體與流星就有著遠親關係了。

向流星許願的文化習俗之所以歷久不衰，或許是在告訴我們，我們跟流星有著某種深刻的緣分。

第三章
不斷產生化學反應的人體

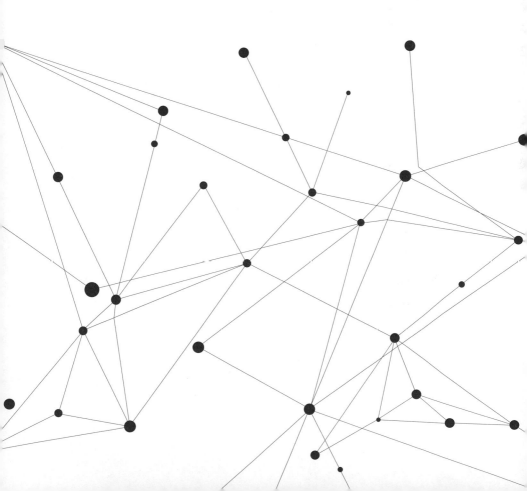

三十八億年間不斷重複進行的選擇與淘汰

第二章的內容鎖定為宇宙之謎，其實我們身體也與宇宙關係密切。或許你會覺得不可思議，越是深入研究醫學，越能清楚洞悉到人體內殘留著宇宙形成之遺跡這個耐人尋味的事實。各種學問當中，清楚刻劃生命奧祕的，唯有週期表而已。

在我進入醫學系就讀後，首次察覺到人體與宇宙有著密切關聯。生理學的第一堂課，就從討論人體是由哪些元素所組成這主題開始。

當時生理學教授說：「要記住概約比率，考試會考喔！」然後將構成元素一覽表寫在黑板上。對其他學生而言，人體元素比率不過是記號的排列而已，半數以上的學生都以無可奈何的表情，將一覽表記錄於筆記本上。

可是，對於已經學過量子化學的我而言，感受截然不同。迄今依舊記得，我像突然開竅似地盯著一覽表看，不錯過任何一個細節。熟悉元素的我，從元素的構成比例中看得出「宇宙的一部分變成地球→地球的一部分變成海洋→生命體從海洋誕生」這一連串進化過程。

人類歷經漫長的三十八億年時光，進化至現在的樣子。在這段漫長的過程中，嘗試進行各式各樣的化學反應以維持生命，在不斷試驗、錯誤的過程中，留下了後代子孫。不過，生

命體當然並非憑著白我意志嘗試來挑戰化學反應。而是偶然地有個體進行了適合環境的化學反應，因此留下子孫，至於無法進行適合環境化學反應的個體，就只好絕種了。

經過一連串試驗錯誤與淘汰的結果，而有了現在的人類。如此一想，嘗試挑戰電子軌域所發生化學反應之可能性的三十八億年時光，可以說就是一部生命演化史。

如果周遭環境有許多元素的話，生命體當然會頻繁地嘗試挑戰電子軌域的可能性。於是，找出有利生存的化學反應之機率也會提高，為了能利用這個元素，當然就會進行演化。從上述過程來看，存在於宇宙的元素與構成人體的元素有著密切關係。具體情況如何，就讓我們來論證吧！

不過，本書基本上是以原子數為依據來論證，見解會與以重量為依據的評價定義有所差異，請大家明白這一點。

人體是由 4 種元素所組成的精密裝置

在說明人體與宇宙的關係之前，我先利用週期表來確認組成人體的生命體元素之比例。

或許許多人的印象是人體由碳所組成。然而事實上，從原子數來看，人體有 62.7 ％是氫。在氫之後，原子數第二多的元素是氧，占的比例是 23.8 ％。

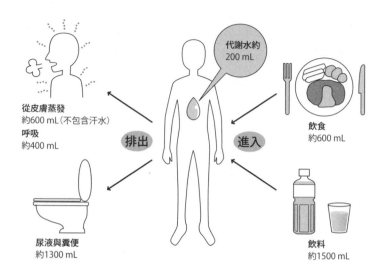

代謝水約
200 mL

從皮膚蒸發
約600 mL (不包含汗水)
呼吸
約400 mL

排出

進入

飲食
約600 mL

尿液與糞便
約1300 mL

飲料
約1500 mL

圖 3-1　在人體內外循環的水分

　　因為人體大部分是水，所以氫和氧的比例高。水的化學式是 H_2O，每 1 分子的水有 2 個氫元素、1 個氧元素。比較氫和氧的原子數，其比例相當於 2：1。

　　或許有人認為水頻繁地於體內及體外循環，應該不能算是人體組成元素。然而，其他元素也都是於體內及體外循環著，並非只有水比較特別。

　　原子數排名第三的碳也一樣於人體內外循環。碳水化合物、脂肪及蛋白質皆富含碳，所以我們只要進食，由腸道吸收

營養素，每天體內就會吸入大量的碳原子。

另一方面，只要不是過胖或過瘦，人體每天都會有等量的碳原子捨棄於體外。

那麼，人體是如何排出碳原子呢？

碳原子當然多少會跟糞便一起排出，但還是以呼吸時的呼氣排出量最多。因為人體是使用氧氣燃燒營養素，再透過呼氣將燃燒營養素所形成的二氧化碳排出。而且，只要沒有罹患糖尿病，碳元素幾乎不會透過尿液排出。

碳元素就如上述，頻繁地於體內與體外循環著。同時，碳元素並沒有囤積體內。

所以，人體組成元素多半會不斷交替。如果只有水被當成例外，不予計算的話，實在有失公平。

人體組成元素中，數量排名第四的元素是氮。空氣中的氮是以 2 個氮原子結合而成的氮分子形式存在，而且一定含在體內構成蛋白質來源的胺基酸中，是非常重要的元素。蛋白質是人體結構的物質基礎，所以體內的氮含量多。

以上 4 種元素就占整個人體的 99.5％。如果概約而論，人體是由氫 (H)、氧 (O)、碳 (C)、氮 (N) 這 4 種元素所形成的精密裝置。

對照週期表的話，發現原子數第一的氫在第一週期，第二名的氧與第三名的碳、第四名的氮是第二週期。元素種類雖多

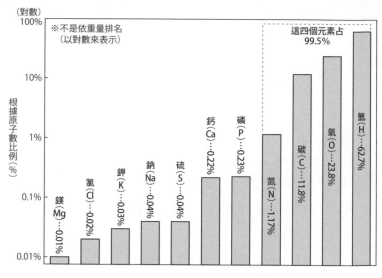

圖 3-2　人體所含元素（以原子數估算）

達 100 種以上，人體組成元素卻集中於週期表上方，也就是集中於原子序小的元素中。

組成人體的少量元素

人體組成元素中，原子數排名第五至第十一的元素稱為人體所含的「少量元素」。接下來將會一一介紹。

看懂元素週期表，掌握生命奧祕

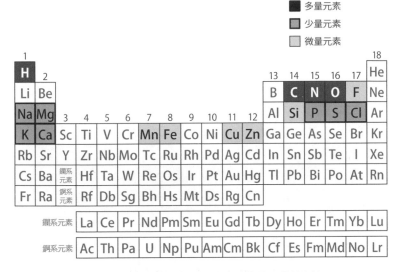

圖 3-3　人體組成元素一覽表（根據原子數比例）

第五名　磷（P）、第六名　鈣（Ca）

提到磷，大家會想到它是製造火柴或肥料的原料，但是想不到人體竟然富含磷。

因為磷可以在二百六十度的低溫起火，所以使用磷製造火柴。因為磷的起火點低，土葬於墓地的遺體分解後產生磷的話，會出現自然放電現象，引起火苗產生磷火（俗稱鬼火）。傳說「幽靈會隨著鬼火一起出現」，原因就在於此。若要追根究柢，其實是因為人體含有大量的磷所致。

包括人類在內，幾乎所有的生物，如果體內沒有磷的話將無法存活。生物細胞是依據核內 DNA 所記載的設計藍圖而形成，而 DNA 一定含有磷酸。因此，沒有磷的話，細胞無法進行分裂，也將無法繁衍子孫。

　　而且，磷也是骨頭及牙齒的原料。多數人似乎認為骨頭和牙齒是鈣所形成的硬物，不過，純種的鈣是一種金屬。除非是電影《魔鬼終結者》（The Terminator）裡的金屬機器人，否則是無法製造出那樣的人體。其實，被稱為氫氧基磷灰石（Hydroxyapatite）的磷酸鈣系列化合物正是骨頭與牙齒的主要成分。

　　各位應該曾透過電視的刷牙粉廣告，聽過氫氧基磷灰石（HAp）這個名詞吧？這個名詞的化學式是 $Ca_{10}(PO_4)_6(OH)_2$，由式子可知，其中含有磷的成分。而且，以原子數來看，鈣與磷的比例是 10：6。磷的成分或許比想像中還高。

　　不過，如果遵循一般的飲食生活，並不會有磷不足的問題。人類是以動物和植物為主食，對動物及植物而言，磷都是生存不可欠缺的元素。不管吃什麼，每種食物都富含磷，就算飲食多麼不正常，也不怕磷攝取不足。所以，醫生不會呼籲大家「攝取磷」，也因此我們才會覺得磷是日常生活中陌生的成分。

　　磷明明是維持生命不可或缺的元素，人們卻對它覺得陌生……人類對於常識的認知，其實很敷衍。

第七名　硫（S）

提到硫，也許有人會聯想到它是溫泉的成分，不過人體不可欠缺的必需胺基酸之一、甲硫胺酸（Methionine）就含有硫的成分。此外，角蛋白（Keratin）是皮膚、頭髮、指甲的形成成分，也含有硫元素。

當我們稍微拉扯頭髮，頭髮並不會斷掉，是因為頭髮有硫元素結合，所以不會斷裂。如果頭髮沒有硫元素，便無法擁有強韌度，只要稍微碰一下，就會脆弱脫落。當別人稱讚你擁有美麗秀髮時，請對硫說一聲謝謝。

第八名　鈉（Na）、第九名　鉀（K）

關於鈉與鉀，會於第四章詳述。正多虧有鈉與鉀，我們身體的肌肉與神經才能正常運作。

鈉與鉀以＋1價的離子形式存在於體內，如果要電性中和，需要有負離子。由於這個原因而存在於人體內的負離子，就是下一個要介紹的氯。

第十名　氯（Cl）

當我們喝了酒想睡，或吃了安眠藥就想睡，都是因為氯（正式說法是氯離子）的作用。

我們的腦內有個名為 GABA 神經元（GABA neuron）的神

經，利用 GABA 成分（神經傳遞物，Neurotransmitter）充當信使來交換訊息。當這個神經作用活絡，大腦活動會沉靜下來，進入想睡狀態。

讓大腦興奮的神經膜裡，有個讓氯離子通過的小洞*。人體雖然存在許多氯離子，但是這個洞平常是緊閉的，氯離子無法進入細胞裡。不過，透過酒精或安眠藥而讓 GABA 作用強化的話，洞就會打開，氯離子會一起進入細胞裡。

氯離子是帶 –1 的離子，所以當氯離子進入細胞裡，就會變成帶負電。如此一來，大腦變得不易興奮，昏昏欲睡。這就是服用安眠藥或喝了酒會想睡的機制。所以才會說，服用安眠藥時，嚴禁飲酒。因為過多氯離子流進神經細胞，會導致身體的控制功能失常。有時候會導致呼吸停止而死亡。

第十一名　鎂（Mg）

人體的鎂有 60% 存在於骨頭裡。

因為人體不會有磷不足的問題，不需要刻意多加攝取，可是，為了強健骨頭，別忘了除了攝取鈣，也要積極攝取鎂。

鈣與鎂的理想攝取比例是 2：1。可是，現代人只是一味攝取鈣，不少人鎂攝取不足。結果，鈣鎂攝取失衡，除了骨質密度變低，也有罹患心肌梗塞、狹心症的可能。

順帶一提，杏仁、昆布、海帶芽等海藻類富含鎂。

人體中的重元素含量少

接著，讓我們來確認第五名至第十一名的少量元素是在週期表的哪個位置。其中有五個元素在第三週期，兩個元素在第四週期。

請各位回想一下，前四名元素分別在第一週期與第二週期。人體含量越多的元素，都在週期表上方，含量越少的元素，就越往週期表下方移動。這個現象與宇宙構成元素一樣。

十二名以後的元素依序是鐵、鋅、錳、銅，人體幾乎就是由這15個元素所組成。鐵、鋅、錳、銅全部是第四週期的元素。在人體中含量越少的元素，位於週期表越下方的特徵不變。

至於第五週期的元素，鍶和碘在人體中的含量都是極微量。基本上第六週期以後的元素並未存在人體內。

在人體內的元素含量，為什麼位於週期表越上方的元素含量越多；而越下方的元素含量越少呢？答案很簡單。因為宇宙中的情況大致也是如此：位於週期表越上方的元素，於宇宙的含量越多；越下方的元素，於宇宙的含量越少。

所以，人體構成元素都是在地球誕生前就已存在，全是於宇宙誕生的。因此，宇宙中含量多的輕元素，在人體也占多數；宇宙中含量少的重元素，於人體的含量也一樣偏少。

＊審訂：即離子通道（ion channel）。

鍊金師努力無成，反促使化學發展

地球上的元素本身是不變的，但是在我們體內的元素卻不斷地起化學反應。化學反應就是改變元素與元素鍵結的組合。

譬如，當體內葡萄糖燃燒，就會發生以下的化學反應：

$$C_6H_{12}O_6 + 6O_2 \rightarrow 6CO_2 + 6H_2O$$

多種元素鍵結所形成的物質稱為化合物，譬如二氧化碳（CO_2）或水（H_2O）。一般認為二氧化碳與水作為葡萄糖燃燒所產生的化合物是在體內形成的。

可是，不論是碳或氫或氧，作為元素，都只是鍵結的組合改變而已。雖說葡萄糖燃燒，但元素本身並沒有任何改變。換言之，元素並非於體內誕生。

因此，地球上的元素會透過化學變化不斷地改變組合，但是元素本身幾乎沒有改變。半數以上的元素在地球誕生前就已存在於宇宙間了。

說得更嚴謹的話，元素也會衰變，變成別的元素。最典型的例子是放射性物質。如果原子核不安定，元素會衰變，變成其他元素。這時會放出輻射線（俗稱放射線），所以稱為放射性物質。

譬如，核能發電廠的原子爐中鈾 235 衰變、分裂，便會形成碘 131、銫 137、鍶 90 等物質。福島核災事故中，這些物質就從原子爐外洩。

不過，如果以地球整體角度來看，放射性物質屬於例外的物質。平常肉眼能見的化學反應，只不過是元素的組合改變罷了。

可是，在歷史上卻有許多人因為不懂這個道理而白白浪費人生。中世紀歐洲的煉金師就是最佳例子。

這些煉金師企圖將各種金屬或藥品混合，想提煉出黃金。也就是試圖透過化學反應，以人工手法製造黃金。可是，金是元素，就算藉由化學變化，不斷地改變與其他元素的組合方式，依舊無法製造出新的金元素。因此，煉金師的挑戰是一開始就註定迎來失敗的結局。

儘管如此，煉金師的努力並非全部白費。鹽酸、硫酸、硝酸全是因研究煉金術而發現的物質。他們還為了研究煉金術而發明出蒸餾裝置等實驗器材。可以說，現代化學是以煉金術為基礎而發展的學問。

其實，發現萬有引力的偉大科學家牛頓（Isaac Newton）也是沉迷於研究煉金術的人物之一。正因此，有人稱牛頓是「最後的煉金師」。

為何人體內沒有氦的存在？

　　多數存在於宇宙間的元素，應該也同樣存在於人體裡，可是為什麼人體裡卻沒有宇宙間排名第二多的元素氦呢？

　　元素與元素之間會發生化學反應，根本原因是為了填補最外層軌域的空位，讓能量安定。可是，氦所屬的第 18 族元素的電子軌域本來就沒有空位，除了極少部分例外，基本上第 18 族元素不會與其他元素產生化學反應。

　　所有第 18 族元素的最外層軌域已填滿電子。因此，這族元素是以 1 個原子的單獨狀態而存在，也因此能量很安定。事實上除了一部分例外，它們並不會形成分子結構。就算生命體本身多麼費盡功夫，原本就沒有將第 18 族元素的電子軌域作為生命活動之用。

　　實際上，不只氦，氖和氬等第 18 族元素幾乎也不存在於人體內。

　　以上就是宇宙中含量第二名的氦不存在於人體的原因。

何謂化學反應？

　　前面提過，化學反應就是改變元素與元素鍵結的組合。這

對於理解元素而言也很重要，所以再舉個更具體的例子來說明。

譬如，對著氫與氧的混合氣體點火，會發生劇烈反應，產生了水。這就是氫氣爆炸。福島第一核能發電廠就是發生了這樣的反應。這個化學反應的化學式如下：

$$2H_2 + O_2 \rightarrow 2H_2O$$

因為氫原子與氧原子的最外層軌域未填滿、有電子空缺，才會發生這個化學反應。（如下一頁的圖 3-4 所示）

當出現電子空缺，氫和氧都是非常不安定的原子，因而會每 2 個原子結合在一起，以氫分子（H_2）、氧分子（O_2）的狀態存在。氫分子的情況就是 2 個原子各自提供單獨的 1 個電子，來共享這 2 個電子，使外圍軌域的位子全被電子填滿。氧分子也是一樣的情形，因此，H_2 和 O_2 都處於安定狀態。（如下一頁的圖 3-5 所示）

此外，如果再改變這些原子的組合，變成水（H_2O）的話，就更加安定。這是因為氧原子 O 與氫原子 H 的軌域形狀完全契合，且相對於 H_2 有 2 個分子、O_2 有 1 個分子的狀態，H_2O 的 2 個分子狀態的整體能量較低所致。

地球上所有重的物質都是由高處朝低處移動。這是因為低處所擁有的位置能量（位能）比高處低，也就更為安定。原子

第三章　不斷產生化學反應的人體

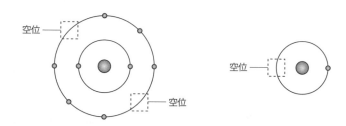

圖 3-4　氫原子、氧原子的電子組態

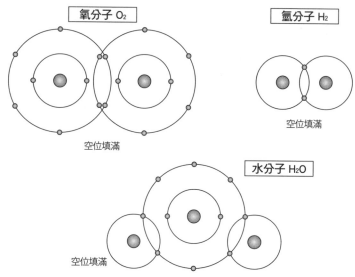

圖 3-5　氫分子、氧分子、水分子的電子組態

看懂元素週期表，掌握生命奧祕

的情況也是一樣，透過改變原子之間的組合，試圖往能量更低的安定狀態移動，這就是導致發生化學變化而形成了 H_2O。

以上舉了這個反應單純的氫氣爆炸作為淺顯易懂的例子，但地球上發生的所有化學反應之本質幾近相同。就是透過改變原子的組合，往能量更低的安定狀態移動。歸根究柢，所有的化學反應都是基於這個原理。

人體也是一樣。包括人類在內的所有生物都是透過進行無數化學反應，並以低能量狀態為目標，改變原子的組合而生存。每個原則其實都很簡單，當原子像這樣無數次地相互組織起來，就創造出擁有極高度功能的人體。

為何宇宙中的鈹含量少？

先前提過，周遭的環境中存在的元素越多，生命體就有越多機會檢驗電子軌域的可能性。關於這一點，有個元素的特徵正好可以說明宇宙與人體的關係。

請再看一次 65 頁的圖 2-2。請注意原子序 4 的鈹位於曲線圖的下方。雖然它比碳、氮、氧輕，但是存在量極少。

宇宙中存在量極少的鈹並不存在於人體。雖然大致說來，人體中含有大量週期表中越上方的輕質量元素，但是鈹明顯不

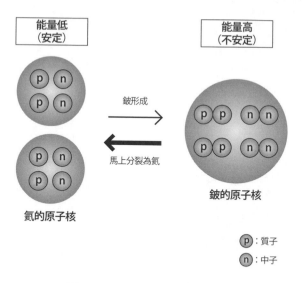

圖 3-6　安定的氦與不安定的鈹

適用這個法則。就算是輕質量元素，宇宙中存在量少的元素依舊不會存在於人體裡。

　　即使是科學進步的現代，鈹的用途還是只限於極為特殊的例子。譬如，用於核能發電的中子減速劑，就是以鈹為原料。中子減速劑是核能反應爐中用來降低快速運動的中子速度的材料。此外，鈹也是人造衛星上觀測宇宙的太空望遠鏡的材料。總之，鈹的用途非常專業，與日常生活毫無關係。

　　那麼，為什麼宇宙中鈹的存在量這麼少呢？

原因在於氦的性質。因為氦是非常安定的元素。如圖 3-6 所示，由 2 個氦的化學進化變成鈹，即使形成了由 4 個質子與 4 個中子所組成的鈹-8（質量數 8 的 ⁸Be），也會馬上分裂為 2 個氦。結果，只剩下中子多 1 個的鈹-9，在宇宙中的存在量就變得極些微。

　　另一方面，3 個氦結合會生成碳。因為碳比氦安定，所以已經形成的碳不會分裂成原本的 3 個氦。3 個氦發生碰撞的機率遠比 2 個氦發生碰撞的機率少得多，這樣的話，碳的存在量應該遠比鈹-8 少。可是，因為鈹-8 無法穩定形成，因此在宇宙中，碳-12 的存在量相對變多。

　　宇宙中存在量豐富的碳以重要構成元素身分，所誕生的個體就是地球上的生命體。如果鈹-8 比氦安定，或許現在地球上的生命體便不會誕生。如此說來，我們必須要好好感謝不安定的鈹呢。

　　請看圖 2-2，鈹前後的元素鋰和硼，雖然不像鈹的存在量那麼少，但也算是少量元素。因為這 2 個元素的質子數與中子數都是不易被製造的組合。

　　那麼，為何人體幾乎不含鋰，而含有極微量的硼呢？

　　鋰是電池材料，現在的需求量很高。但因為地底埋藏量少，導致電池成本無法下降。

　　提到硼，大家會聯想到眼藥水吧？儘管硼會對眼睛黏膜造

成些微刺激，但因為具有抑制細菌繁殖的效果，常被當成防腐劑，用於眼藥水中。

相較於鈹，大家對於鋰和硼應該較為熟悉。可是，提到原子序，碳、氮、氧都排在這些元素的後面。如果與碳、氮、氧等元素比較，大家對於鋰及硼就會覺得陌生了。這樣的熟悉程度，正好與這些元素在宇宙的存在比例一致，所以圖 2-2 也可以說是我們對於元素熟悉度的排名圖表。

原子序偶數者比較安定

觀察力敏銳的人應該已經察覺到了吧：圖 2-2 的曲線宛若鋸子的刀刃，呈現鋸齒狀。這個特徵表示：相對於原子序奇數的元素而言，原子序偶數的元素存在量較多，且較容易存在。

原子核的質子數為偶數時，相對於奇數時，其能量較為穩定。因此，原子序是偶數的元素比較容易大量形成，這就是所謂的奧多‧哈根斯法則（Oddo-Harkins rule）。

組成人體的元素中，氮排名第四。氮雖然是重要元素，但是其存在量遠不如第二名的氧與第三名的碳。人體的氮含量比氧和碳少，根據奧多‧哈根斯法則，宇宙中的氮存在量原本就比其原子序前後的碳和氧來得少，這也可能是原因之一。

兩個氮原子鍵結後所形成的氮分子當然會較安定，也因此缺乏反應性。不過，如果宇宙中全是氮的存在，生命體應該會進化到以其他形式來利用氮這個元素吧！

我們是依存元素而活

　　「為了預防貧血，要攝取鐵。」
　　「想讓骨骼強壯，要攝取鎂。」
　　「預防味覺障礙，要攝取鋅。」
　　大家應該都聽過這樣的健康資訊。鐵、鎂、鋅等金屬是人體不可欠缺的元素，可能已經成為一般常識了。

　　另一方面，各位應該沒聽過「為了健康，要攝取水銀」的資訊。雖然同樣都是金屬，汞（水銀）不僅對人體無益，反而有毒，這個知識人人皆知。發生於熊本縣水俣灣的水俣病，以及發生於新潟縣阿賀野川下游地區的第二水俣病，就是因汞引起的公害疾病。

　　此外，鎘會引起痛痛病，鉛也會引發鉛中毒。而砷是劇毒這也是大家相當熟悉的。一九九八年和歌山市的夏日慶典所招待的咖哩飯中，摻雜了砷導致四人身亡，當時這件事轟動日本全國。還有，前面提到的鈹，對人體也是有毒。

金屬元素有的有益健康，有的會奪取性命。大致說來，宇宙中存在量多的金屬元素有益健康，宇宙中存在量少的金屬元素有毒的可能性高。

在長達三十八億年歷史中，生命體一直在思考該如何利用周遭環境中的元素，並用盡各種方法來進化。鐵、鎂、鋅都是存在量豐富的元素，因此生命體當然就熟練地掌握並運用自如了。

元素一旦為生命體所用並發揮其作用，接下來為了生存，生命體就會變得依賴該元素。所以，當該元素不足，就會損害健康。

負責運送氧氣的重要金屬

生命體熟練地運用著周遭的各種金屬，這些金屬當中最重要的是鐵。畢竟人體是透過鐵來運送氧氣，人體的六十兆個細胞全要靠氧氣而生，鐵對人類而言，可以說是生命所繫之元素。

血液負責從肺部將氧氣運送至全身，再將代謝產生的二氧化碳，從全身送往肺部丟棄。可是，氧氣與二氧化碳的運送方式截然不同。

血液運送二氧化碳的方式其實很簡單。因為二氧化碳溶於

看懂元素週期表，掌握生命奧祕

水，會變成碳酸，所以只需溶解於血液的水分裡，予以運送即可。換言之，二氧化碳很容易就會變成碳酸水，血液不需要特別做任何事，只要讓水分循環全身，就能運送二氧化碳。

相較之下，血液運送氧是一件辛苦的工作。氧溶於水的份量只有一點點，跟二氧化碳相比，真的極少。如果是冷水，氧氣還算能夠溶解，可是當體內溫度上升至三十七度，溶解量就會大幅降低。

這個原理也就是南國海水呈現透明狀的原因。熱帶地區的海水水溫高，含氧量少，因此大多的浮游生物無法生存。所以，海水才會看起來澄澈。另一方面，北國海水的水溫低，就有較多的氧溶解。於是，浮游生物繁殖，海水看起來灰濁。結果，當水溫越低，會吃浮游生物的魚種會更豐富。這也是巨大鯨魚棲息於北極海域或南極海域的原因。

話說回來，由於人體內血液溫度比熱帶地區海水的水溫高，光是使氧溶於水，人體並無法運送氧。這時候就需要紅血球的血紅蛋白幫忙。血紅蛋白中有個名為「血基質」的紅色色素，如下頁圖 3-7 所示，心臟部位有鐵附著的就是血紅蛋白。因為血紅蛋白有鐵，所以才能有效率地運送氧。

其實，利用化合物運載氧並非易事。因為光是能與氧結合的物質便非常多。氧化的物質全部都與氧結合。但問題是，必須將結合的氧交給細胞。如果只是一直保持與氧結合的狀態，

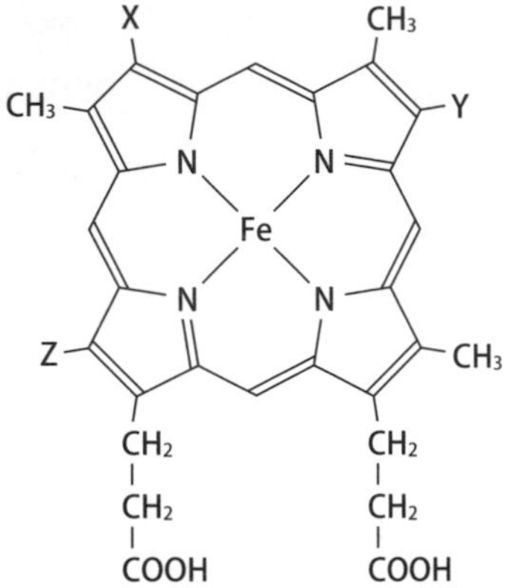

圖 3-7　血紅蛋白的部分結構：血基質（紅色素）

那麼對人體細胞而言，一點用處也沒有。

　　在肺中與氧結合粘附，再將氧轉送到全身細胞。為了啟動這個作用，非得需要一定大小的金屬才行。碳、氫、氧、氮等一般有機化合物，由於它的們原子太小，根本不能與氧結合粘附，不然就是會完全與氧結合鍵結而無法轉送。

　　但是，生命體透過充分利用比這些元素的原子還大得多的鐵原子的外層電子軌域，設計出一種絕妙的特性，使鐵在溫度低的肺部會與氧結合粘附，並在溫度高的全身釋放出氧。而能做到這一點的，就是血紅蛋白。

　　因此，當體內鐵元素不足，氧氣無法充分運載，就會引起

貧血。尤其是女性，每個月因月經排血，很容易缺鐵，許多女性為貧血所苦。

事實上，從化學的觀點來看，負責運載氧的重要金屬未必非鐵不可。外層電子軌域與鐵相似的金屬，譬如鉻（Cr）、錳（Mn）、鈷（Co）、鎳（Ni）、銅（Cu）等等，只要也在它們的蛋白質結構下功夫修飾，就能製造出功能跟血紅蛋白一樣的物質。這件事在理論上是可行的。

可是，在眾多的候選金屬中，人類會將生命委託給鐵，就是因為鐵在宇宙中的存在量最多。如果宇宙中全是鈷的話，那麼人體利用鈷運送氧的可能性便很高。如此一來，或許我們的血液會是鈷藍色。

第三章　不斷產生化學反應的人體

第四章
身體活動之奧祕

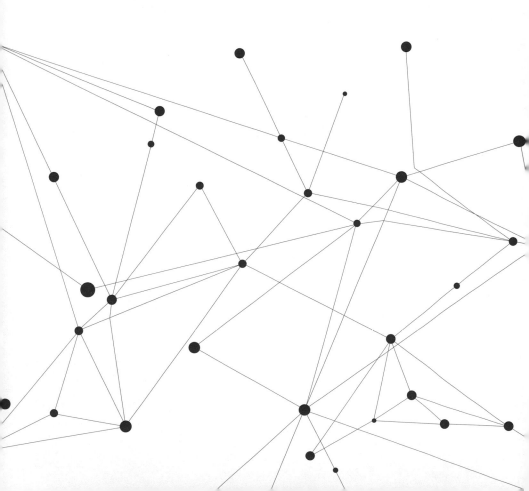

動物需要這 2 種元素才能活動

前一章，透過週期表讓我們了解到在一百三十七億年前，人體是如何從浩瀚宇宙中誕生。接續前一章，在此我們把焦點放在三十八億年的生命演化之謎。主要關注的重點是，在生命體的各種機能中最為重要的神經和肌肉。

動物必須依賴肌肉才能夠到處走動。而動物之所以能感受到光線、聲音、氣味和味道，都是因為神經發揮作用。總之，肌肉和神經決定了動物的基本性質。肌肉和神經也可說是人類作為動物而生存最重要的器官吧！

所謂的神經，是透過電流刺激（脈衝，impulse）來傳遞訊息的組織。而肌肉則是藉由伸縮讓身體活動。兩者看起來沒有任何關係，但事實上神經和肌肉的基本機制幾乎完全相同，它們都是透過鈉和鉀這 2 種元素來維持基本功能。

鈉和鉀透過特殊的小洞在細胞內側與外側自由進出。也因為具備了這個特徵才能讓它們發揮各種機能，而此特殊的基本機制則是神經與肌肉共通。

接下來就輪到週期表上場了。請先確認鈉和鉀的位置，沒錯，兩個都位於最左邊的一列。這列就是我們提過的 Group 1。

Group 1 的每一個元素最外層軌域都只有 1 個電子，如果失去這個電子就會產生與+1 價離子類似的性質。我們在第一

章已經說明過，人體也會將銫當作是鉀吸收進體內。

　　而鈉的狀況也是一樣。看來在人類體內它是以失去最外層的一個電子，也就是+1價離子的狀態而存在的。

　　希望各位注意的是，週期表中鈉和鉀的位置是上下相鄰的。動物將神經和肌肉的運作委託給鈉和鉀的理由，或許跟它們2個的位置相鄰有關。

鈉是不安定的金屬

　　鈉是原子序 11 的元素。週期表中，位於 Group 1 第三週期的位置。

　　Group 1 又稱為「鹼金屬」。應該有不少人會有「鈉也是金屬嗎」的疑惑。其實在一般人的認知當中，並不認為鈉是一種金屬。會這麼想也是當然的，就連專業化學家，在過去也曾因爭論鈉是否為金屬而引發不少話題。

　　純粹的鈉是會散發出金屬特有銀色光澤的塊狀物，外觀看起來就像是金屬。但是因為最外層軌道只有 1 個電子，所以相當不穩定。

　　只要有機會，鈉就會拋掉唯一的 1 個電子，想要變成+1價離子。如此一來電子軌域不但不會空空的，反而被填得滿滿

的，讓它變得相當安定。

因此，將鈉放置於空氣中，立即就會和氧起化學反應而變成離子。但是和水接觸則會發生不得了的狀況。因為它跟水會發生劇烈的反應，然後產生氫氣並可能引起爆炸。為了預防這種狀況，研究室在保存鈉時會將它放進石油中。

在人體體內，當然不可能將鈉存放在石油裡。因此純粹的鈉金屬並不存在於體內。而人體內的鈉其實是以穩定的+ 1 價離子狀態存在。

鈉讓我們最先想到的是氯化鈉，也就是食鹽。其實海水含有 2.9％，而血液則含有 0.9％的食鹽。當然這些都是以安定的+ 1 價離子狀態存在。

體重六十公斤的人約有四千貝克輻射

接下來介紹在鹼金屬中第四週期的元素鉀。鉀的日語發音是由德語音譯而來，而原本是阿拉伯語中植物灰燼的意思。就如其名，鉀是從植物灰燼中發現的。

在小學的自然課，應該教過提供給植物的肥料含有氮、磷酸鹽和鉀。而這個鉀就是鹼金屬的鉀。

植物會吸收肥料當中的鉀，而這有助於植物的成長。所以

看懂元素週期表，掌握生命奧祕

植物細胞內應該含有豐富的鉀。但是鉀跟鈉原本都是金屬，和占據植物大部分的有機化合物不同，經過燃燒也不會消失。因此植物灰燼中的鉀是經過濃縮的。

　　並不是只有植物才需要鉀，動物也是一樣。人類要是沒有鉀的話，會馬上死亡。

　　就因為這麼重要，所以人類才會設法增強鉀的吸收能力。如第一章說明過的，性質相近的銫會偷溜到這個流程，讓人體在不知情的情況下吸收進去。

　　在福島核災事故之後，所有人對輻射線都變得相當敏感，但即便是天然的鉀也含有會散發出微量輻射的鉀-40。在人體內，體重一公斤就含有超過二克的鉀，而其中 1/10000 是輻射性的鉀。因此，如果體重是六十公斤，那麼身體就帶有四千貝克的輻射。

　　而且，幾乎所有食品多少都含有鉀，同樣也是有 1/10000 的鉀-40，因此一公斤的食物就含有數十至數百貝克的輻射。只不過，這種程度的量並不會對身體產生影響，所以不需要擔心。

　　另外，經常拿來做為豪華建築建材的花崗岩也含有相當多的鉀，所以也含有一些輻射。譬如日本國會議事堂的外牆就全部都是花崗岩，所以一靠近外牆就能偵測到 0.29 微西弗的輻射，而這大概跟在高輻射熱點測量到的差不多。

跟鈉一樣，鉀如果單獨存在的話，就是散發出銀色光澤的金屬塊。但它也跟其他鹼金屬一樣，外層軌域只有 1 個電子，所以相當不安定。因此，鉀也會跟水發生劇烈反應，變成 +1 價離子。當然，存在於人體內的鉀已經是處於安定狀態的 +1 價離子了。

　　由此可知，鈉和鉀的電子軌域具有十分類似的電子組態，性質也因此格外相近。而這從它們位於週期表上下位置可以清楚了解。

　　當然，不一樣的元素，性質是不可能完全相同的。雖然相似但還是有些許不同。能巧妙利用鈉和鉀之間絕妙差異的應該就是動物的進化過程了。

幽靈姿勢是怎麼來的？

　　那麼，可說是動物功能中樞的神經和肌肉又是如何利用鈉和鉀一起發揮作用的呢？

　　神經具有一種稱為脈衝（impulse）的電興奮狀態，並可傳遞這訊息的作用。另一方面，肌肉收縮是身體活動的原動力。但是，僅透過產生電興奮狀態或收縮，並不能發揮神經和肌肉的功能。

正因為一旦感到興奮，興奮就會立即消退，因此神經才能接著傳遞下一個訊息。如果始終保持興奮狀態，則無法獲得任何訊息，這只是浪費能量。

如同電腦是利用 1 和 0 的組合來處理訊息，神經也是利用興奮的「ON/OFF」開關組合才能傳遞訊息。這就是神經機能的本質。

肌肉的運作方式也是一樣。因為肌肉在收縮之後能恢復到原來狀態才能發揮功能，要是收縮後就維持著同一狀態的話，那麼人體就會固定在那個姿勢，無法轉換到另一個新動作。固定在一個動作的狀態就是痙攣。當然，痙攣是一種病理狀態，需要接受治療。

但任何人一生都會有一次，全身所有肌肉保持收縮狀態的時候。那就是在剛死沒多久時。

死亡後，當血液停止流動，肌肉便無法維持放鬆的狀態，因此會發生收縮。這就是所謂死後僵硬的真正原因。

當死後發生僵硬，手腕和手肘也會跟著彎曲僵硬。手腕和手肘都有能讓關節彎曲以及伸展的肌肉，不過要論兩者哪一個比較強而有力，應該是彎曲肌肉會取得壓倒性勝利。人死後，一旦兩種肌肉同時發生僵硬，由於彎曲肌肉的力量較強大，所以手腕和手肘才會呈現彎曲。

請試著彎曲兩手的手腕和手肘，這個動作是不是很眼熟

呢？沒錯，這就是幽靈姿勢。這動作來自於過去的人在死掉之後所發生的肢體僵硬，因此才會讓人聯想到幽靈。

　　好像有點偏離話題了。當肌肉一直處於收縮狀態是發揮不了功能的，不管是神經還是肌肉，都必須要能夠自由切換「ON/OFF」開關，這樣才能發揮基本的運作。而它們的開關切換是憑藉著電位的正負決定的。

　　不論是神經細胞或是肌肉細胞，細胞內側的電位平時都是負的，細胞外側的電位則是正的。而這就是處於「關」的狀態。

　　當訊號傳來，細胞內側和外側的電位正負會暫時相反，而這就是「開」的狀態。這個時候肌肉會收縮，神經則會傳遞這個電刺激。肌肉和神經最終的功能雖然不同，但切換開關的過程以及基本運作方式卻完全相同。

　　那麼當訊號傳來，肌肉和神經的細胞是如何讓細胞內側和外側的正負電位互換的呢？當中扮演重要角色的，就是鈉跟鉀了。

「極為相似卻有點不同」元素的相容性

　　人類全身的細胞有六十兆個，全部都含有豐富的鉀。而細胞外側有淋巴液和血液流動，它們含有豐富的鈉。這也就是血

液帶點鹹味的原因。

　　體內的鉀和鈉當然不是金屬狀態，而是溶於水的離子狀態。不管是鈉或是鉀，都因為失去外側環繞的單個電子才轉換成離子，因此都變成了+1價離子。

　　包覆在細胞外層的細胞膜上，有只能讓鈉通過的孔洞，以及只能讓鉀通過的孔洞。肌肉跟神經在傳遞訊號時，鈉專用的孔洞會先打開，而鈉就會從含鈉較多的細胞外側往含鈉較少的細胞內側流動。

　　因為流入的鈉是+1價離子，所以細胞內側原本的負電位會變成正電位。相對的，原本是正電位的細胞外側，因為正電荷減少，所以會變成負電位。這就是正負電位在細胞內側和外側轉換的過程。

　　在轉換的過程中，會觸發肌肉自動收縮而神經則傳遞刺激。換句話說，肌肉和神經的開關之所以呈現開的狀態，就是因為鈉離子從細胞外側移動到內側而產生的。

　　但如果只是這樣的話，那麼肌肉只會收縮一次就停止，而神經也只傳遞刺激一次就結束。為了活下去，肌肉和神經當然不可能用完一次就扔掉。

　　所以，為了可以再次發生作用，就必須盡快讓細胞內側和外側的電位回到原本關的狀態。這個時候就需要借助鉀的力量了。

　　鈉進入細胞內，讓細胞內側轉變成正電位，接著鉀專用的

孔洞會打開。鉀會通過這些孔洞，從含有豐富鉀的細胞內側往缺少鉀的細胞外側移動。因為鉀也是 +1 價離子，所以鉀減少的細胞內側會再次變成負電位，而鉀增加的細胞外側會變成正電位。像這樣只要讓電位回到原本關的狀態，那肌肉和神經隨時都能再接受下一次的刺激了。

透過鈉和鉀的對照作用，才能使肌肉和神經都發揮其機能。

鈉和鉀在週期表的位置是上下相鄰的，所以原子性質是非常相近的，頂多原子大小會有些許差異而已。在進化史上，生物能將鈉、鉀穿透的孔洞同時占為己有。這是因為，這兩個孔洞都能以相似的蛋白質來設計形成。

雖然很像但大小卻不同，這一點對動物來說的確是難得可貴的關係。

單細胞生物選擇的元素

生物並不是隨便選擇鈉和鉀這 2 種元素來控制肌肉和神經的。

對人體來說，細胞外側有淋巴液和血液。但回溯到單細胞生物時期，細胞外側有的只是海洋而已。而海洋所含的正離子當中，又以鈉占據絕大部分。因此從細胞外側流入內側的元素，除了鈉之外別無選擇。如果是選擇鈉以外的元素，由於這個元

看懂元素週期表，掌握生命奧祕

素在細胞外側的含量並不多，這麼一來就算拚命張開孔洞，也非常難有正離子流入內側。這種情況下，正負電位切換的反應會相當緩慢，這個作為「ON/OFF」的開關也很難發揮作用。

如前面所說，包括鈉在內，位於週期表最左邊縱列的鹼金屬，外側只有一個電子。失去了此單一電子後就會變成＋1價離子，相當容易溶於水中。所以海水才會含有大量的鈉。

譬如矽（Si）在宇宙中的存在量要比鈉多出許多。事實上，地球上的矽含量也比鈉豐富。但海水幾乎沒有矽，這是因為矽無法溶於水。地球上的矽大部分是含在岩石中的。

由此可知，鈉成為控制動物神經和肌肉元素的第一個理由，就是它是週期表最左列的 Group 1 元素。此外，Group 1 元素當中，鈉在宇宙中的存在量是最多的，也反映出它在海洋中的含量為何如此豐富。因此動物就選擇鈉作為負責開關切換的元素。

決定鈉是從細胞外側進入內側的元素之後，接著就要挑選出從內側移動到外側的元素了。如果不是跟鈉一樣有辦法控制的話可是不行的，因此就只能侷限於週期表中位於鈉正上方的鋰以及正下方的鉀這 2 個元素了。比較這 2 個元素後，在海洋中鉀的含量遠遠超過鋰，所以生命體就選擇了它。

同樣的，如果海洋的鋰含量要比鉀豐富的話，那麼生物或許會選擇鋰。如果不是鉀也不是鋰，而是位於鈉下面兩格的銣較為豐富，那麼生命體說不定就會選擇它了。

引發高血壓的食鹽渴求

對人體來說，鈉和鉀是不可或缺的。不管哪一種攝取不足都會影響健康。

但「為了健康不可以攝取太多鹽分」是一般常識。食鹽就是氯化鈉。換句話說，鈉離子跟氯離子結合而成的結晶就是食鹽。其中如果氯離子攝取過量的話，身體會透過尿液將它排出去的。而攝取過多會造成問題的，其實是鈉離子。

另一方面，我們可以聽到「請攝取足夠的鉀」的說法。為何兩者會有如此大的差別呢？我們可以追溯到生命體開始發展到陸地生活的時期。

當我們的祖先還像魚一樣在海中生活的時候，周遭的環境全是鈉。但是當生命體一登上陸地生活，首先面對的是缺乏鈉的環境。如果還是像過去那樣，的確會因為缺少鈉而致死。因此，生命體無可避免似地感到，想攝取鈉就有必要在大腦中進化出一種特殊的功能。

此特殊功能就是人體會產生想攝取含鹽量較高食物的衝動，醫學上稱為「**食鹽渴求**」。食鹽渴求是如何在腦內產生的呢？詳細的機制目前尚不明，但可以確知的，這跟視丘下部（又稱下視丘）及扁桃腺有深切關係。

另一方面，關於鉀，我們當作食品的植物細胞內含有很多

的鉀，並不用擔心會缺少。因此即便開始展開陸地生活，也不需要像鈉那種的特殊功能。事實上，就算體內的鉀不足，腦內也不會發生像缺少鈉時那般強烈的渴望。

在原始時代，這樣可以維持體內平衡。而現在因為運送方式進步，隨時可以從岩鹽取得便宜的氯化鈉。只是腦內仍然保留著為了應付少鈉環境的機制，對鹽分還有強烈需求的慾望，所以很容易不小心攝取過多的鈉。

一般人都知道，攝取太多鈉會引起高血壓，但知道為什麼會這樣嗎？

對神經和肌肉來說，如果要在孔洞張開時讓鈉進入細胞內側的話，那麼細胞外側就要有豐富的鈉。但過多也是不好的，一旦鈉大量進入，就算鉀的孔洞打開讓鉀往外流出，細胞內也無法恢復到原本負電位的狀態。為了避免這種情形，那麼能讓細胞外側的淋巴液和血液維持一定鈉濃度的機制就得要發達。

當鈉攝取過多，為了讓鈉的濃度不致過高，必須攝取水分來稀釋。結果就會讓血液增加，並從血管內側強力推擠血管，血壓因此隨之上升。同時，也因淋巴液會跟著增加，身體的某些部位例如臉部才會水腫。

有不少人認為，就算攝取了過量的鈉，只要多多補充水分，大量排尿的話，應該就能將鈉排出體外，但其實每天能隨著尿液排出的鈉是一定的。要是攝取超過了這個量，那麼鈉還是會

囤積在體內，就可能引起高血壓。

　　幸好有方法能增加每天的排鈉量，那就是攝取豐富的鉀。

　　腎臟會過濾血液，暫時製造出原尿。然後再將原尿中的營養物質，如鈉、鉀以及糖分等人體所必需的成分重新吸收回血液，而其他剩餘的物質就隨著尿液排出體外。

　　這整個過程相當複雜，其中就有鈉和鉀會成對一起移動的機制。因此攝取大量鉀的時候，會發生連動效應，抑制鈉重新被吸回血液，那麼最後會跟尿液一起排出體外的鈉也會變多。

　　腎臟之所以具備這樣的機制，或許跟人體將週期表中上下相鄰的鈉和鉀統合管理的歷史痕跡有關。

營養攝取量由各元素之間來調整

　　日本在二〇〇五年修正了鉀的每日攝取量，以反映這項人體機制。在過去，鉀的每日建議攝取量是二〇〇〇毫克，但在二〇〇五年大幅提高到三五〇〇毫克。

　　雖然修改了鉀的每日建議攝取量，但這並不表示之前的標準是錯誤的。如果只顧慮到鉀，那麼一天攝取二〇〇〇毫克是足夠的。實際上，日本人平均攝取二四〇〇毫克的鉀。相較於過去的標準攝取量，二四〇〇毫克其實是足夠的，所以才沒有

看懂元素週期表，掌握生命奧祕

刻意增加的必要。就目前來看，醫生和營養師都還是以這個標準來進行營養指導的，令人惋惜的，這樣的結果與現實不符。

之所以如此，原因在於鈉。鈉的每日攝取量，男性建議不超過三五〇〇毫克，但現實的平均攝取量卻是四六〇〇毫克。而女性的每日建議攝取量以不超過三〇〇〇毫克為佳，但事實上卻攝取了三九〇〇毫克。男性和女性的鈉攝取量都超出許多。這就是高血壓普遍的原因。

首先應該要努力減少鈉的攝取量。但即使日本的厚生勞動省（編注：同台灣衛福部）積極宣導，卻不是簡單就能辦到的。無可奈何之下，才以攝取過量的鈉為前提，希望能借助鉀的力量幫助鈉排出體外，所以才會大幅提高鉀的建議攝取量。

本書已經提過數次了，任何植物都含有鉀，所以只要吃蔬菜、水果、豆類就能夠攝取到鉀。尤其推薦的是昆布和羊栖菜等海藻類。海藻不但含有豐富的鉀，而且所含的食物纖維也會跟鈉結合，抑制鈉的吸收，可說是一舉數得。

但有一點需要注意的，有些專業醫生對於增加鉀的建議攝取量提出反對的意見。

對於患有慢性腎臟病等腎臟功能不佳的人，由於排泄鉀的功能較弱，要是攝取太多，鉀可能會囤積在體內。如此一來，血液和淋巴液的鉀濃度上升，位於肌肉和神經的鉀孔洞就算張開了，也不會有鉀從細胞內側移動到外側。這樣就無法從開切

換成關的狀態，肌肉和神經也就不能正常運作了。

心臟尤其需要注意。心臟是由心肌所組成的，要是體內囤積了太多的鉀，心臟就無法正常跳動，最糟糕的狀況就是死亡。

有腎臟疾病的人，請務必留心不要攝取太多的鉀。

大型藥妝店沒有販售鉀的營養補充品？

為了健康如果需要鉀的話，那麼應該很容易購買到鉀的營養補充品。但不管是國內多大的藥妝店，並沒有販售單一的鉀營養補充品。知道是為什麼嗎？

製造鉀的保健品其實是很簡單的。植物燃燒後的灰燼含有豐富的鉀，因此以相當便宜的價格就能製造。只是鉀並不可以任意販售。鉀雖然是維持健康不可或缺的成分，但要是攝取過量的話，它同時也會危及性命。

當然，在醫院可以看到鉀的注射液。但是在幫患者進行注射前，必須再三確認注射量是否正確，需要謹慎處理。因為攝取過多的鉀，就算是身體健康的人，心臟也會停止跳動死亡。

其實在一九九一年，便發生過一件醫生替患者注射鉀而導致死亡的事件。這就是發生在日本東海大學附屬醫院的安樂死事件。患者是多發性骨髓癌的末期，一直處於昏睡狀態，因為

無法拒絕患者長男的請求，主治醫生替患者注射大量的鉀。患者最後心臟停止跳動死亡。

當時引起了關於安樂死的各種爭議，最後主治醫生被判有罪，但是處以緩刑。

聽起來相當可怕吧，但只要腎臟沒有問題，吃再多的海藻或蔬菜，也不會因攝取過多的鉀而導致心臟機能發生障礙。就一般常識來看，多吃一些海藻和蔬菜是沒有關係的。請務必重視自己的飲食習慣。

第五章
稀土元素不是「邊緣組」！

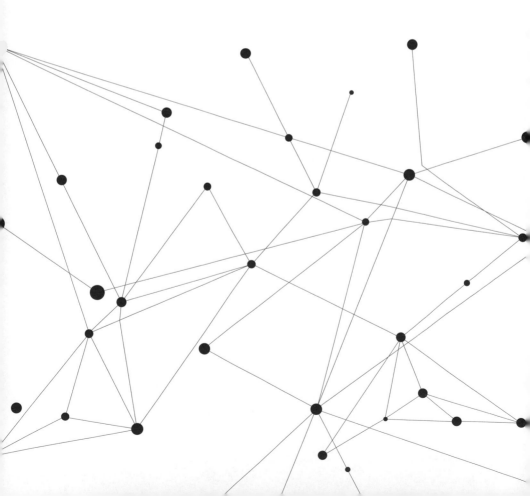

全球需求高漲的強力磁鐵

本章要介紹的是稀土元素中的各元素。

就週期表而言，不管是縱向看還是橫向看都相當地美，而稀土元素則是屬於橫向美。從橫向看，稀土元素是能夠呈現週期表勻稱本質的一群元素。

近年來，可當作資源的稀土元素身價翻倍。隨之而來的，就是世界上的幾個主要國家捲入了稀土元素爭奪戰。所以我們在報紙上可以經常看到稀土元素這個名詞。

稀土元素最先是使用在 LED 和電視等螢光體、燃料電池、廢氣淨化裝置等高科技產品上。而引起爭奪戰的最大理由，是因為在最新科學技術中，稀土元素是製造強力磁鐵所不可或缺的原料。

譬如說，過去醫院主要是以 CT（Computed Tomography，電腦斷層掃描）來進行影像檢查，但最近使用無輻射的 MRI（Magnetic Resonance Imaging，磁振造影）已逐漸增加。MRI是利用磁力和電磁波將身體斷面影像化的裝置。CT 設備的價格較低，但最大的缺點就是輻射曝露。而且 CT 一般只能取得身體橫向斷面的影像，但 MRI 卻能取得縱向、橫向、斜面等各種角度的斷面，再加上畫質清晰，就算是非常小的腫瘤也可以看得一清二楚。

應該不少人都曾經接受過檢查，MRI 是大型筒狀的檢查設備。而圓筒狀設備的內部是具有超高性能的強力磁鐵。製造這類磁鐵時，稀土元素是不可或缺的。所以接受了 MRI 檢查而及早發現癌症的人，便是在不知不覺中受到稀土元素的恩惠。

其他像是電動汽車以及線性馬達列車也會使用強力磁鐵，看來人們對此的需求將逐漸增加。隨之而來的，恐怕是稀土元素之戰會越演越烈吧！

稀土元素、稀有金屬、基本金屬

在開始說明稀土元素之前，必須先了解它與稀有金屬的差別。或許因為名稱類似，有些人會把它們搞混了。但兩者可是完全不同的。

就像鐵、銅以及鋁，生產量多而且被普遍使用的金屬，我們稱之為**基本金屬**。

相對於它們，地球表面只有少量、或者因為採取不易而稀有珍貴的金屬，我們統稱為**稀有金屬**。就如其名，它們是稀少的金屬。像是鈦（Ti）、釩（V）、鉻（Cr）、錳（Mn）、鈷（Co）、鎳（Ni）以及鉑（Pt）等，是大家較為熟知的金屬，但它們因為產量稀少所以也屬於稀有金屬。

稀有金屬（含稀土元素）
稀土元素（稀土類）

輕稀土類　重稀土類

圖 5-1　稀有金屬、稀土元素

　　至於所謂的稀土元素，指的是稀有金屬中，屬於第 3 族、第六週期的元素。用文字說明有些困難，但只要看週期表就能一目瞭然。稍後會再詳細說明，不過請先掌握「稀土元素是稀有金屬一部分」的概念。

　　稀土元素（rare earth element）的「earth」除了「地球」的意思外，也有「土地」的意思。稀土元素是指土壤中所含的少量元素，所以才有此名稱。也有人翻譯為稀土類。

　　正值日本經濟成長期的一九六八年，日立公司販售了名為

看懂元素週期表，掌握生命奧祕

「kidokara」*的彩色電視機。這項商品是將稀土元素使用於陰極射線管顯示器，也就是利用稀土類來增加亮度，因此半開玩笑地取用這個名稱。亮度指的是螢光幕呈現的明亮程度。但除了使用在這一類商品之外，當時人們在日常生活中很少會跟稀土元素接觸。

不過稀土元素是製造高性能磁鐵不可或缺的材料，其重要性可說能左右現今的世界經濟。

使用稀土元素的磁鐵稱為**「稀土類磁鐵」**，而它最大的魅力就是具有超強的磁力。油電混合汽車以及電動車的馬達也是使用磁鐵來驅動的，所以磁力越大動力就越強，而速度也就越快。

再加上，稀土元素的熔點（融化的溫度）極高，熱傳導速率也高，而這是其他元素所沒有的特質。這對產業界來說，又是一大魅力。

任何裝置只要是長時間驅動，多少都會產生熱。但熱傳導速率越高，散熱就越快。而且就算溫度上升，只要不融化應該就不會有損壞。換句話說，稀土類磁鐵具備了非常耐熱，而且可以長時間持續使用的優點。往後它的用途應該會更加廣泛吧。

＊審訂：Kido 為日文「輝度」、即亮度的發音。Kara 為彩色「color」的日文外來語發音。

稀土 17 元素

　　稀土金屬共有 17 種元素。錯（Pr）、鉕（Pm）、銪（Eu）、鋱（Tb）、鈥（Ho）……，大部分的元素恐怕是大家在日常中從未聽過的吧！

　　事實上，在不久之前稀土元素的供給量還相當的少，用途也不太廣。大家對它們的印象頂多只是「週期表中的一些元素」這種程度而已。

　　之後隨科學技術的進步，發現它們可成為強力磁鐵的材料，而且具有發光性質等，這些都是高科技精密機器不可或缺的性質。

　　一般而言只要發現了新性質的元素就會受到大家的注目，像從新聞報導的標題「鏑的爭奪戰越來越激烈」等可以看到元素名稱。但事實上，只限於工業新聞日報或是日經產業新聞等業界專門報紙，才會看到具體的元素名，普通的報紙大概就以「稀土元素爭奪戰越來越激烈」等標題帶過。

　　這是因為，這 17 種元素的性質十分相似，用稀土元素統一稱呼較為方便。反過來說，稀土元素突然備受矚目的原因，與每一個元素彼此性質相似這點有關。

為何中國會成為世界牛耳？

　　除了全世界的需求量與日俱增，也因主要生產地是在中國，所以掌控稀土元素的情勢才發展成國際的經濟問題。

　　二〇一一年九月所發生的一則事件，清楚地顯示稀土短缺將成為日本致命弱點的現實狀況。在與鄰國有領土主權爭議的釣魚臺列嶼，日本因中國漁船違法捕魚而逮捕船長，中國海關當局就以此事為由，停止了稀土元素的對日出口手續。雖然此舉是為了讓日本政府能盡快釋放遭逮捕的船長，但如果稀土無法進口，日本經濟將陷險境受到損害，逼得日本政府不得不向中國妥協，這現實才是較權威有力的因素。事實上，目前日本的稀土元素有一半以上都仰賴於中國。

　　為什麼稀土元素只產自中國呢？如果要在這個時代堅強地活下去，就必須知道這個答案。事實上，是因為兩種偶然的重合，讓中國成為世界的牛耳。

　　稀土元素的每一個元素，不但電子組態相似，化學性質也十分類似，所以具有從同一場所產出的傾向。

　　但並不是所有的稀土元素都能從同一個地方挖採到。其中分成了可以挖採到像是鑭或釹等原子較輕、稱為「輕稀土元素」的礦床，以及能挖採到鏑和鐿等原子較重、稱為「重稀土元素」的礦床兩種。

在亞洲、北歐、非洲、南北美洲、澳洲和世界各地皆發現了稀土元素的礦床，但幾乎都是只能挖採到輕稀土元素的礦床。而能夠挖採到重稀土元素的礦床，目前只有中國南部而已，因此，各國當然就必須依賴中國提供重稀土元素了。

　　重稀土元素也含在花崗岩內，但含量卻非常的少。全世界都有花崗岩，但要將它粉粹再萃取出稀土元素的話，費用可謂十分龐大。但碰巧在中國南部發現了花崗岩風化之後的黏土層，含量極少的稀土元素轉換成離子吸附在黏土上。只要灌入硫酸銨等水溶液，就能將稀土元素的離子溶解出來，所以這種挖採方法簡單而且成本又低。然而花崗岩若沒在高溫潮濕的環境中是無法風化的，巧合的是中國南部有好長一段時期都是這樣的氣候條件。

　　另一方面，輕稀土元素的礦床不是只有在中國，世界其他地方也有發現。雖然很想說，這真是太好了，但很可惜，這個也算是中國的獨占市場。

　　在世界各地的輕稀土元素礦區中，又剛好只有中國的白雲鄂博礦區是最接近地表的。由於挖掘費用十分便宜，這又讓中國席捲了世界市場。其他國家的礦區在價格競爭中慘敗，進而影響了開發的速度。

　　順帶一提，白雲鄂博不是中文而是蒙古語，意思是「富饒的山丘」。從地名是蒙古語這一點可以知道，白雲鄂博礦區位

於與蒙古交接的國界附近。如果中國和蒙古的國界再稍微往南一點，那麼稀土元素的勢力版圖將會完全不一樣吧。

日本可以開採到稀土元素？

雖然稀土元素的產量以中國為大宗，但其實也有值得日本人慶幸的事。

二〇一一年七月，以東京大學為中心的研究團隊，在夏威夷群島周邊的中太平洋和大溪地周邊的南太平洋海底，發現了含有稀土元素的泥層廣泛分布在附近。

二〇一二年，在日本經濟海域南鳥島附近也發現了大量含稀土元素的泥層。而且資源量，預估足夠提供日本二百三十年的國內消費量。值得慶幸的，這裡的泥同時也富含原本只有中國南部生產的重稀土元素，因此只要研究出低價的挖採方式，那麼稀土元素的資源問題應該就能一併解決了。

為什麼海底有如此大量的稀土元素呢？因為雖然微量，但海水中還是含有稀土元素的，它們會被氧化鐵等物質吸附沉澱然後成為海底泥層。雖說是水深三五〇〇～六〇〇〇公尺的海底，但幸運的是由於它是以泥層沉積，一般認為可望以抽取的方式進行開採。

週期表的延伸突出組群

接著從週期表來了解一下稀土元素的 17 個元素吧！

第四週期的鈧（Sc）和第五週期的釔（Y）還排在欄內的範圍內，但第六週期的元素則是已被排到欄外。各位可能覺得這是因為週期表無法完整表示稀土元素吧。其實我高中的時候也是這麼想的。

但這真是天大的誤解。正因是位於欄外，所以才能把稀土元素的本質完整表現出來。這說不定不是週期表的界限，而是週期表的真正價值呢！

從原子序數 57 鑭一直到原子序數 71 鎦的這 15 個元素，全部都是第 3 族第六週期的元素。換句話說，位於週期表中寫了 57~71 位置的 15 個元素全都包含在稀土元素內。

原則上，週期表的每一個位置都有 1 個元素。但是第 3 族的第六週期和第七週期，同一位置則有 15 個元素。因為在侷限範圍內必須填入 15 個元素，考慮到方便性，才會寫在欄外。

或許你會覺得同一個地方要填入幾個元素有點奇怪，但這樣才能完整表現稀土元素的本質。為了讓各位理解，我們看看其他格式的週期表吧！

圖 5-2　簡化的週期表

週期表的格式不只有一種？

　　在國中數學課曾經學過，球的表面積是 $4\pi r^2$。半徑變成兩倍，表面積就是四倍，半徑變成三倍，表面積就變成了九倍。原子也是一樣，半徑越大表示面積就越大。

　　如此一來，周圍環繞的電子軌域也會出現各種不同的種類。電子層數與種類越多，外層軌域的能量就可能比內層軌域的能量還低，是不是很不可思議呢。因此，週期越大，就越可能出現外層軌域先填滿電子的現象。這就是過渡元素。

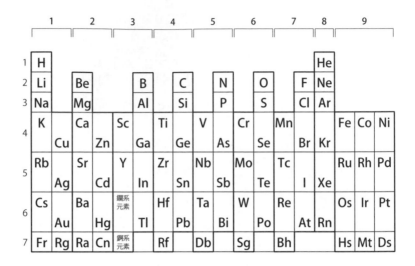

圖 5-3　短版的週期表

　　決定元素性質最重要的因素，就是外層軌域的電子組態。
因此在週期表中，如果將外層軌域相同的元素彙整在一個位置
來呈現的話，就會變成圖 5-2 的樣子了。

　　一般週期表只會將鑭系元素和錒系元素放在同一個地方，
但圖 5-2 的簡化週期表則是把所有過渡元素寫在同一個位置。
也就是說，這是鑭系元素、錒系元素的放大版。

　　實際上，從週期表的發展歷史來看，如圖 5-3 所示的週期
表已經使用了很長的時間，它稱為短版的週期表。當時電子軌

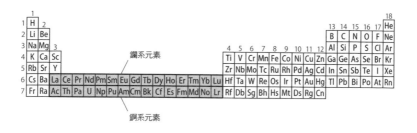

圖 5-4　朝兩側展開的週期表

域尚未被確知，所以跟前面介紹的簡化週期表差異相當大，但是將部分的過渡元素歸類在同一族的想法卻是相同的。

填入最外層軌域的電子數相同，而只有外側第二層軌域的電子數不一樣，這就是過渡元素。但是到了第六週期，不只是最外層的軌域，就連外側第二層軌域的電子數都相同。這就是稀土元素。

如果稀土元素不是放在同一地方，而是像過渡元素那樣每一個元素都分別標示的話，那麼就會形成如上方圖 5-4 這種形狀的週期表。

如所見，因為表格的寬度太寬了，使用上有點不方便。因此就以使用方便性為由，將稀土元素全都集中在同一位置，以便收斂成我們所熟悉的當前元素週期表的形式。

但比起朝兩側展開的週期表，另外也有人提議更基本的一

127

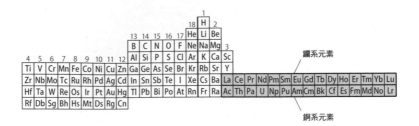

圖 5-5　國會議事堂形狀的週期表

種週期表。

　　我們認為正常週期表的 Group 1 元素應該就是要在最左邊，而 Group 18 的元素要在最右邊。但換個方式想，要是把 Group 1 和 Group 18 並排在一起（圖 5-5）呢？

　　原子序 2 氦下一個接的是原子序 3 的鋰，而原子序 10 氖下一個則是原子序 11 的鈉，所以本來就不該分割成左右兩邊。如果不分開 Group 18 和 Group 1，而是在 Group 3 和 Group 4 之間切開來的話，那麼就會呈現出上方圖 5-5 所示的如國會議事堂般展開的週期表。如此一來，隨著連結週期的增加，構成元素數量的增加情形，就能從這種週期表上一目瞭然。也能實際感受到原子的球體表面積的增加情形。

　　事實上，Group 3 和 Group 4 中間的元素並沒有區隔開來。確切地說應該是按照原子序來連結排列。只是如果要忠實呈現

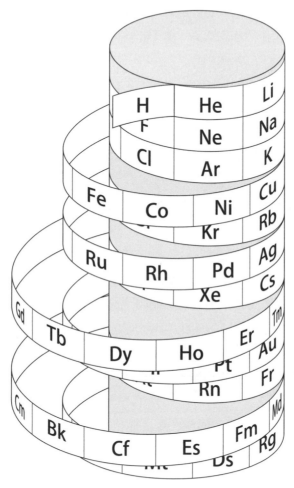

圖 5-6　環狀週期表（立體週期表）

第五章　稀土元素不是「邊緣組」！

的話，那麼是不可能以平面來表示的。就像花再多工夫也不可能精密地畫出平面世界圖一樣。此時為了正確表示方向和比例尺寸，就只能依賴地球儀了。

也有人嘗試畫出立體的週期表，當中最為知名的是京都大學的前野悅輝教授構思的「Elementouh（立體）」週期表（上一頁圖5-6），有人稱它為週期表的地球儀。

利用稀土元素可產生強力磁性的原理

了解週期表的本質後，我們再回過頭來聊稀土元素吧！

比起只有最外層軌域才相同的普通過渡元素，直到外層第二層軌域都相同的稀土元素，元素之間的性質更為相似，這點應該不容懷疑吧。因為如此，稀土元素可說是過渡元素中的過渡元素了。

我們也可以用電子軌域來解釋使用稀土元素產生強力磁性的理由。

鐵的原子有N極和S極，當N極和S極都沿相同方向排列，就會變成磁鐵。但即使製作出N極和S極對齊的強力磁鐵，實際上，其N極和S極翻轉顛倒過來的鐵原子會不斷出現，那麼磁性也就會跟著消失。不過，把釹（Nd）和鏑（Dy）等稀土

元素加進鐵裡面，就可避免這種情形，所以能做出強力磁鐵。

　　因為稀土元素的外側第二層軌域是空的，所以原子呈現被擠壓的形狀。如果將其夾在鐵原子之間，就能防止鐵原子翻轉過來。稀土元素當中有不少元素都具有這個性質，但釹和鏑具有最強力的效果。

　　在外側第二層軌域可以填入 14 個電子，而釹只填入 4 個電子，而鏑則填了 10 個電子，還剩下 4 個空位。只填了 4 個以及只剩 4 個空位的狀況，表示原子會被嚴重擠壓，那麼保持磁性的效果當然就高了。

第六週期和第七週期的隱藏特徵

　　鑭系元素的 15 個元素都位在週期表同一個位置，這是因為每一個元素的最外層軌域的電子數，以及外側第二層軌域的電子數大多是相同的。因為只有外側第三層軌域的電子數不同，週期表中橫向的 15 個元素性質才會非常相似。

　　為何會發生這麼不可思議的事呢？請回想第一章說明過的量子數法則，應該就能明白了吧！

　　電子軌域決定於「主量子數 n」、「角量子數 ℓ」、「磁量子數 m」三者的數量，每一種量子數則是遵循下面四個原則來計算。

原則 1　主量子數 $n = 1$、2、$3\cdots$
原則 2　角量子數 $\ell = 0 \sim n-1$
原則 3　磁量子數 $m = -\ell \sim +\ell$
原則 4　一個軌域可填入的電子數最多 2 個

電子軌域會根據主量子數和角量子數來命名。

首先是主量子數 n，則是直接以數字來表示。

至於角量子數，如果角量子數 $\ell = 0$ 的話則是 s 軌域，角量子數 $\ell = 1$ 的話則是 p 軌域，角量子數 $\ell = 2$ 則是 d 軌域，角量子數 $\ell = 3$ 的話就是以 f 軌域來表示了。

舉例來說，主量子數 $n = 1$，角量子數 $\ell = 0$ 的話，就是 1s 軌域。而主量子數 $n = 2$，角量子數 $\ell = 1$，那麼就會用 2p 軌域來表示。

希望大家能注意的是，電子並不絕對是照著主量子數的順序排列的，有時候也會根據角量子數，軌域能量可能會逆轉的。譬如說相較於 3d 軌域，電子會先進入 4s 軌域。這是因為 4s 軌域的能量比 3d 軌域低。

因這性質而產生的就是過渡元素了。

過渡元素會先填入最外層的 4s 軌域，然後再逐一填入內側的 3d 軌域。比較週期表中相鄰的元素就可以知道，因為決定元素性質的外層軌域幾乎都是相同的，所以才會變成相似的金屬性質。

而能徹底展現此特徵的就是稀土元素了。大部分的稀土元素是排列於週期表中，第六週期左側第三列的 15 個元

素。週期表的這個位置標示著鑭系元素。所謂的鑭系元素，直接翻譯的話就是「像鑭」。在這 15 個元素中，原子序數 57 的元素才是真正的鑭。但剩下來的 14 個元素，因為性質跟鑭相近，所以統稱為鑭系元素。為什麼這 14 個元素的性質跟鑭很像呢？只要確認一下電子組態應該就會明白了。

像 136 頁的圖 5-7，電子會逐一填入鑭系元素的 4f 軌域，而在外層的 5d 會有部分例外，5s 和 5p 則會填滿了電子。其他的外層軌域還有 6s 軌域，這裡也填滿了定額的 2 個電子。

這是因為發生了薛丁格方程式的魔法，也就是相較於最外層的 6s 軌域以及次外層的 5s 軌域和 5p 軌域，外側第三層 4f 軌域的能量會比較高的逆轉現象。

因此，屬於鑭系元素的元素，其最外層以及次外層才會先填滿，而只有外側第三層軌域的電子數不相同。比起其他過渡元素，這群元素相鄰的軌域性質更為接近。

發生在第六週期鑭系元素的現象同樣也會出現在第七週期。如圖所示，錒系元素是逐一將電子填進 5f 軌域，而其外層的 6d 會有部分例外，但是 6s 和 6p 則會填滿電子。而更外層有 7s 軌域，這裡也填滿了定額的 2 個電子。直到

原子序數 103 為止的 14 個元素都跟原子序數 89 錒的性質
相近，所以才統稱為錒系元素。

　　第一章曾提過，第六週期和第七週期呈現並列狀態，非
常的美。而用一張圖就能將整齊排列的電子軌域呈現出來，
這就是週期表隱藏的特徵了。

鑭系元素的電子組態

軌域	電子數														
	La	Ce	Pr	Nd	Pm	Sm	Eu	Gd	Tb	Dy	Ho	Er	Tm	Yb	Lu
1s	2	2	2	2	2	2	2	2	2	2	2	2	2	2	2
2s	2	2	2	2	2	2	2	2	2	2	2	2	2	2	2
2p	6	6	6	6	6	6	6	6	6	6	6	6	6	6	6
3s	2	2	2	2	2	2	2	2	2	2	2	2	2	2	2
3p	6	6	6	6	6	6	6	6	6	6	6	6	6	6	6
3d	10	10	10	10	10	10	10	10	10	10	10	10	10	10	10
4s	2	2	2	2	2	2	2	2	2	2	2	2	2	2	2
4p	6	6	6	6	6	6	6	6	6	6	6	6	6	6	6
4d	10	10	10	10	10	10	10	10	10	10	10	10	10	10	10
4f	0	1	3	4	5	6	7	7	9	10	11	12	13	14	14
5s	2	2	2	2	2	2	2	2	2	2	2	2	2	2	2
5p	6	6	6	6	6	6	6	6	6	6	6	6	6	6	6
5d	1	1	0	0	0	0	0	1	0	0	0	0	0	0	1
5f	0	0	0	0	0	0	0	0	0	0	0	0	0	0	0
6s	2	2	2	2	2	2	2	2	2	2	2	2	2	2	2

填入軌域的全部電子數，橫向的全部相同

只有這個軌域的電子數有變化

錒系元素的電子組態

軌域	電子數														
	Ac	Th	Pa	U	Np	Pu	Am	Cm	Bk	Cf	Es	Fm	Md	No	Lr
1s	2	2	2	2	2	2	2	2	2	2	2	2	2	2	2
2s	2	2	2	2	2	2	2	2	2	2	2	2	2	2	2
2p	6	6	6	6	6	6	6	6	6	6	6	6	6	6	6
3s	2	2	2	2	2	2	2	2	2	2	2	2	2	2	2
3p	6	6	6	6	6	6	6	6	6	6	6	6	6	6	6
3d	10	10	10	10	10	10	10	10	10	10	10	10	10	10	10
4s	2	2	2	2	2	2	2	2	2	2	2	2	2	2	2
4p	6	6	6	6	6	6	6	6	6	6	6	6	6	6	6
4d	10	10	10	10	10	10	10	10	10	10	10	10	10	10	10
4f	14	14	14	14	14	14	14	14	14	14	14	14	14	14	14
5s	2	2	2	2	2	2	2	2	2	2	2	2	2	2	2
5p	6	6	6	6	6	6	6	6	6	6	6	6	6	6	6
5d	10	10	10	10	10	10	10	10	10	10	10	10	10	10	10
5f	0	0	2	3	4	6	7	7	9	10	11	12	13	14	14
6s	2	2	2	2	2	2	2	2	2	2	2	2	2	2	2
6p	6	6	6	6	6	6	6	6	6	6	6	6	6	6	6
6d	1	2	1	1	1	0	0	1	0	0	0	0	0	0	0
6f	0	0	0	0	0	0	0	0	0	0	0	0	0	0	0
7s	2	2	2	2	2	2	2	2	2	2	2	2	2	2	2

填入軌域的全部電子數，橫向的全部相同

只有這個軌域的電子數有變化

圖 5-7　鑭系元素與錒系元素的電子組態

第六章
美麗的鈍氣和氣體世界

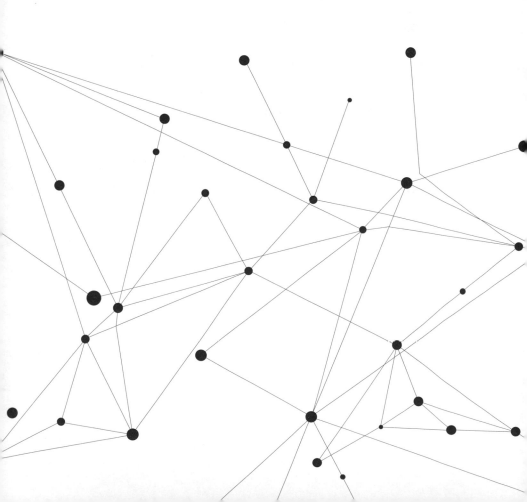

鈍氣的軌域如滿月般美麗

週期表中，代表縱向美的就是 Group 18 的鈍氣了。

「此世即吾世，如月滿無缺。」

這是藤原道長所寫的和歌，而如果要用和歌來表現鈍氣的美，我想這首應該是最適合的。他是天皇的外戚，身為太政大臣的他，掌握的權力可說是一人之下萬人之上。這首和歌就是用來讚美他手中握有的龐大權勢。屬於鈍氣的元素，它們的電子組態就像藤原道長喜愛的滿月。

稱為鈍氣的 6 個主要元素，屬於週期表最右邊的 Group 18。每一個元素的最外層軌域都填滿了電子，正因如此，各元素的性質都非常相近。也就是說，從鈍氣所看到的縱列元素性質相似的週期表特徵最為典型了。

如圖 6-1 所示，各元素的軌域都填滿電子，完全沒有空位。所有的原子本來就是為了電子軌域呈四面八方的對稱關係，所以電子數的定額不多不少恰好能夠填滿各軌域的話，基本上原子就會變成球形。也就是說，元素的外觀會像滿月那樣漂亮。

從它們叫做鈍氣可以知道，在一般溫度下，Group 18 的元素全都是氣體。

提到氣體，最熟悉的是氧以及氮。但是它們是由兩個原子連接在一起，也就是以 O_2（氧分子）和 N_2（氮分子）的狀態

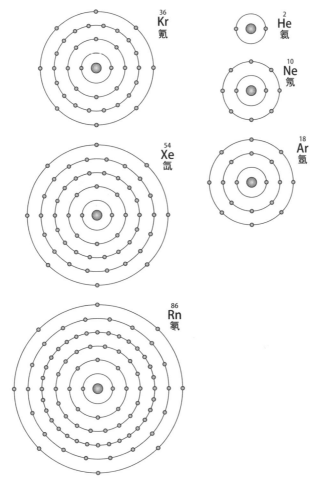

圖 6-1 鈍氣的電子組態

第六章 美麗的鈍氣和氣體世界

存在的。

　　相對於此，鈍氣是單獨由 1 個原子構成氣體的。為何會如此呢？因為電子軌域都已經填滿了，沒有任何軌域還有空位。所以鈍氣不但不會和其他原子反應，就連鈍氣之間也不會發生反應。

　　近來，不同企業合併或合作的情形增加，這是因為彼此可以互補。一家企業如果沒有任何需要補足的，那麼就不必合併或合作了。就像鈍氣不會跟其他原子反應，這樣應該就能夠理解了。

　　下面就來介紹 Group 18 的元素吧！

絕對不爆炸的優良氣體──氦

　　在氫之後，氦（He）是第二輕的氣體，可運用在氣球或是飛行船的飄浮。空氣中氧和氮的比例大概是 4：1，氦比氮、氧輕得許多，所以能夠在空氣中飄浮。

　　空氣中也含有氦，不過只占有 0.0005%，非常稀薄，所以想從空氣中抽取並不是那麼簡單。

　　那麼使用在氣球和飛行船的氦又是怎麼取得的呢？

　　其實現在所使用的氦氣，大部分是從天然瓦斯抽取出來

的。北美產和卡達產，又或者是阿爾及利亞產的天然瓦斯，含有數個百分比的氦，可以從已提取甲烷等所殘留的氣體中萃取出來。

當然，比起利用化學反應就能製造出的氫，抽取氦所花費的成本比較高，因此氦的價格要比氫高出四倍以上。這樣的話，飛行船和氣球就使用價格便宜的氫就可以啦！

其實，過去的確是使用氫的。但氫會與空氣中的氧產生反應，引起爆炸。福島核災也就是氫氣爆炸。一九三七年，德國大型飛行船興登堡號在美國新澤西州發生氫氣爆炸，造成許多乘客和工作人員死亡的慘痛事故。之後，使用氫氣的情形大幅減少。

從這點來看，屬於鈍氣的氦要安全得多。這是因為它不會產生化合物，所以就不會發生爆炸。因此就算價格較高，飛行船和氣球也會使用氦氣。

研究者引頸期盼的元素——氖

提起氖（Ne），大家應該會先想到餐廳門口和招牌閃閃發光的霓虹燈吧。霓虹燈是利用了讓氣體放電就會發光的特性，在灌入氖的玻璃管兩端施加電壓所形成。

這個時候，氖會發光的原理也和電子軌域有關。前面已經提過，全部的鈍氣外層軌域都填滿了電子，而氖當然也不例外。

但是施加了電壓讓它放電的話，會給氖原子帶來高能量，將原本在自己軌域安分地繞圈的電子推擠到更外層的軌域。而這是不安定的狀態，所以氖原子會想回到原本安定的軌域。這時多餘的能量就會以光的形式釋出。這就是霓虹燈發光的原理。

氖的意思是嶄新的，它來自於希臘文的「NEOS」。不論是英文或是日文，都可以在新自由主義（Neoliberalism）和新浪漫主義（Neo-romanticism）等詞彙字首，看到 NEO 的用法。

話說，氧以及碳雖然是很久之前就為人所知，但其他大部分的元素都是在歷史某個時間點才被發現的。也就是說，發現其他元素時也可以用「NEO」來命名。那為什麼特別將氖冠上 NEO 字頭呢？

門得列夫在一八六九年發現週期表時，包括氖在內所有鈍氣的元素都還沒被發現。而在英國化學家威廉‧拉姆齊發現了鈍氣的氦和氬之後，週期表才加入了鈍氣一列。

但是在氦和氬中間的第 2 行是空的，所以拉姆齊確信「應該還有其他新元素」，於是繼續尋找其他元素。最後，終於找到了這些空位的元素。因為好不容易發現這種高壓放電下會發出明亮紅光的新氣體，這項發現令人激動不已，所以才冠上 NEO，取名為氖。

花粉症患者的救星——氬

　　大家可能對氬（Ar）感到相當陌生，但它卻是僅次於氮和氧，大氣中第三多的元素。近年來，因為大氣中二氧化碳的增加，導致地球暖化問題的出現，但其實大氣中的氬含量比二氧化碳還多出二十倍以上。當然比起氦和氖更是多出非常多。

　　平常大家可能沒有意識到，但在生活當中氬其實很常見。

　　近來，雖然許多家庭都改用 LED 燈，但其實還是有不少人仍使用日光燈或是白熾燈（俗稱鎢絲燈）。而注入日光燈的填充氣體大部分是氬氣，現在有不少的白熾燈也會注入氬氣。

　　日光燈之所以使用氬，是因為比較容易放電。而白熾燈會使用氬，是為了延長高溫下就會發光的燈絲壽命。雖然氬在各方面發揮不同的功能，但都是希望能利用作為 Group 18 的一員所具備的性質：即使放電或是溫度變高都不會產生化學反應。

　　因為空氣中含有較多的氬，簡單就可以抽取出來，成本也比較低。這一點也是它被廣泛使用的原因。如果氬像氦那樣，只能從天然瓦斯中萃取，那麼應該就沒辦法這麼隨興使用了。

　　對醫生來說，在治療花粉症時也經常會使用到氬。當人得了花粉症，鼻腔黏膜會發生流鼻水或鼻塞等過敏反應。但只要燒結黏膜，那麼就算過敏體質沒有獲得改善，也能讓流鼻水和鼻塞的症狀不再出現。

過去只能以雷射來燒結鼻腔黏膜，但雷射會被水吸收，因此很難順利進行。相較之下，只要讓氬處於電漿（又稱等離子體）的特殊狀態，那麼只要往鼻腔黏膜噴，短時間就能完成治療。之所以會以這種方法來治療，當然是因為氬是 Group 18 的元素，具備幾乎不會產生任何化學反應的這個特質。

所謂的電漿（等離子體），是將分子和原子所構成的氣體離子化，所得到的一種帶有等量正、負電荷的離子化氣體，它是由離子、電子與中性的原子或分子所組成的，呈現出不屬於液體、不是氣體、甚至也不是固體的狀態。其實只要給予能量，大部分元素都能變成電漿，但要是跟黏膜的各種成分發生化學反應的話，可能會產生對人體有害的毒性化合物。不過 Group 18 的元素就可免除此顧慮，所以即使是電漿狀態也可接觸患處。氬是其中成本最低的，最適合用來治療花粉症。

小行星探測機「隼鳥號」的幕後推手——氙

剛剛介紹過威廉‧拉姆齊發現了氬，而在同一個時間還發現了氪（Kr）和氙（Xe）。

氪來自希臘語「Kryptos」，有「隱藏物」的意思，而氙則是希臘語「Xenos」，有「陌生」的意思。從幫它們取的名字

可以看出，發現過程是多麼的辛苦，並且花費了相當多的精神。

氪跟氬一樣都可以用於白熾燈上。因為不易導熱，所以不使用氬而使用氪的話，燈絲的壽命會比較長。但因為空氣中的氪較少，因此價格比較高，頂多只會使用在高級燈飾等一些特別的物品上。

而氙的量更少，價格也就更高，只會作為特殊用途使用。日本的小行星探測機「隼鳥號」（HAYABUSA）解決了故障事故後，二〇一〇年將小行星「小 25143」（又名「糸川」，ITOKAWA）的樣本帶回地球的新聞，我想大家還記憶猶新吧。那個時候，把「隼鳥號」送回地球的引擎推進劑當中就加入了氙。

為了能在無重力太空中移動，必須以高速將重物質從後面推送出去，再藉著反作用力往前推進。想要以高速推送的話，如果不是氣體就會有問題，但一般的重元素通常都是固體。

如果是在常溫下，第四週期以後的氣體就只有 Group 18 而已。就像前面說過的，Group 18 元素的軌域填滿電子，所以不太會跟其他元素結合。

在擁有如此特殊性質的 Group 18 元素當中，氙是相當重的，所以最適合用在探測機的引擎上。順便一提，接下來要說明的氡雖然更重，但因為它是放射性物質（輻射性物質），所以無法使用在探測機的引擎上。

氡溫泉有益健康？

鈍氣中，最重的元素就是氡（Rn）。說到氡，會讓人想到氡溫泉吧。秋田縣玉川溫泉和鳥取縣的三朝溫泉，以及傳說是武田信玄秘湯的山梨縣增富溫泉都相當有名。但究竟溫泉裡面含有氡對健康是好是壞，目前還沒有任何科學根據可以說明。

氡在常溫下是氣體當中最重的，通常存在礦物中。雖然如此，氡並不會變成固體，也不會跟其他元素發生化學反應變成化合物。

礦物中含有少量的鐳（Ra），當它衰變之後就會產生氡。氡是分散封存於岩石當中，而如果它溶於熱水並從地底湧出，那就變成氡溫泉了。

鐳屬於 Group 2 的鹼土金屬元素，跟鈣和鎂屬於同一族。鐳是放射性物質，當它放射出 α 射線後衰變就會產生氡。

鐳被發現時，曾經引起不少的騷動。但仔細想想，氡本身也是放射性物質。換句話說，我們泡的氡溫泉其實就是「放射能溫泉」。

聽到這種話，應該沒有人再想去泡氡溫泉了吧，但是有研究報告指出，泡氡溫泉的確能改善風濕性關節炎和神經痛。在過去，曾有「只要輻射線是微量且接觸時間相當短，反而對健康有益」的論點，這就是「輻射激效」（radiation hormesis）。

也有一些論文便是以此效果作為實驗結果的理論根據。

但另一方面，也有許多主張「能不接觸輻射線最好就不要接觸」觀點的研究學者。雖然在學會中引起正反兩方的爭論，但是因為很難以科學方式來證明低劑量輻射線對生物體產生的影響，所以最後還是會沒有結論吧！

只是不論是玉川溫泉還是三朝溫泉的輻射線都是低劑量。如果低劑量的輻射對身體健康無害的話，那麼推測輻射線能促進健康的專業人士似乎會比較多。

前面介紹的氦、氖、氬、氪、氙、氡這 6 個元素屬於鈍氣。可以確定的是，每一個元素幾乎都不會跟其他元素發生化學反應，就像藤原道長以俳句歌頌的滿月，請記住這是因為軌域全部填滿了電子才會出現的現象。

氣體輕重決定聲調高低

有的鈍氣可供人體吸入，像是潛水用的氣瓶以及吸入式麻醉劑等。為何會有這些用途呢？透過週期表應該很容易理解。

我們知道氦氣是派對道具的一種，吸入後聲音就會變高亢。在派對上我也曾經嘗試過，吸進氦氣之後聲音馬上就提高八度，炒熱現場的氣氛。

這是因為氦氣很輕，所以吸入後聲音就會變高。

聲音的高低是由氣體振動的頻率來決定的。振動越快，也就是振動的頻率越高，聲音也就越高。就算氣體以同樣條件從聲帶吐出，但吐出的氣體越輕，聲帶就振動得越快，所以聲音才會變高。

同樣的道理，要是吸入比空氣重的氣體，聲音是否就會變低沉。事實上，吸進比空氣重的氪和氙，聲音的確會變低沉。

像這樣，純粹是氣體輕重左右著聲音高低，其實不只是鈍氣，吸入任何種類的氣體，只要比空氣輕的聲音就會變高，比空氣重，聲音就會變低沉。選擇氦氣作為派對道具，單純只是安全性的考量。

在我使用氦氣表演高八度聲音的可笑演出後，有不少參加派對的人提出了疑問，那就是「吸入氦氣對人體不會有傷害嗎」。

如果是百分之百純粹的氦氣，那麼吸一口瞬間就會死亡。但那不是因為氦有毒，而是因為不含氧所以會因缺氧而死亡。就算不是氦，只要吸入的是不含氧的氣體，那麼任何氣體都會致死。

當然，派對道具中的氦氣是混合著氧氣的。反過來說，只要加入氧，氦氣就完全無害。

至於原因，就像前面說明過的。鈍氣的軌域填滿電子，所

以不會跟任何元素起反應。就算吸進了氦氣，它也不會進入肺部，而會隨著吐氣這個動作排出體外。

就我所知，空氣以外能安全吸入的只有鈍氣。其他氣體都會產生某些反應，無法隨意吸入。

譬如氨比空氣輕，吸入之後聲音應該會變高。但氨是強鹼性，所以喉嚨跟支氣管都會被侵蝕，吸入後，可能會無法再發出聲音了。

氫氣以及甲烷也比空氣輕，也都可以吸入體內。但點火可能會引起爆炸，還是無法在派對上使用。

潛水者所依賴的氦氧混合氣體

事實上，氦所具備的性質也可利用在疾病的預防，像是潛水夫病。

潛水者要潛入深海時，吸入一般空氣可能會有氮醉或潛水夫病（減壓症）的危險，因此會使用氦氣和氧氣的混合氣體，稱為氦氧混合氣體（Heliox）。

我喜歡潛水，也持有職業潛水的執照。學生時期曾前往澳洲的大堡礁，以及宏都拉斯、哥斯大黎加，這些位於加勒比海等處的大海域潛水。

但是我最深只有潛到水深四十公尺，從來沒有潛入比這個還要深的紀錄。這是因為以普通空氣安全潛水的極限是五十公尺，而我所屬潛水團體規定最起碼要預留十公尺的安全深度，所以一般休閒潛水才將深度限制在四十公尺。

雖然如此，為了建蓋港口和橋樑而必須潛入水中進行土木作業的職業潛水者，經常需要潛入比四十公尺要深的水底。這個時候就需要使用氦氧混合氣體。

如果使用一般空氣進行深潛，那會發生什麼樣的問題呢？

空氣是氮跟氧以 4：1 的比例混合的氣體，而首先會有問題的是氮。氮氣是由 2 個氮原子結合而成的分子，化學狀態十分穩定，幾乎不溶於水。因此，在地面 1 大氣壓的狀態下吸入空氣的話，即使吸入肺部，大量的氮也不會溶於血液中。也就是說，氮只會因呼吸運動而進出肺部，實質上，它只是單純地將氧氣稀釋成 1/5 而已。但是深潛的時候，因為水壓升高，連在陸地也不會溶於血液的氮也會慢慢溶入血液內。這樣一來，氮就會跟吸入性麻醉藥一樣，阻礙神經的訊息傳遞功能，發生「氮醉」的情形。

在潛水夥伴之間有個說法是，每下潛十五公尺就會出現像喝了一杯馬丁尼的麻醉效果。其實我在下潛到四十公尺時，整個人便處於氮醉狀態，會莫名其妙地大笑，最後只得聽從教練的指示停止繼續潛水。

然而，即使只是十公尺或二十公尺的淺潛，還是有可能發生氮醉。一旦潛入海裡，會產生無重力感，有著不只是前後左右、也能上下移動的開放感，更不論被熱帶魚等海中生物的美景所迷惑，說不定，這種對海洋的感動，有一部分也是因氮醉而產生的幻覺。

　　想避免氮醉的發生，可以使用以氦來替代氮做成氦氧混合氣體。即使施加高壓，氦也不太會溶解在水中。而只要不會溶解於水，那麼就算吸入肺部也不會溶於血液中。氦會隨著呼氣直接排出體外，因此不會產生麻醉作用。

氦是美麗的球體

　　為什麼氦不溶於水呢？知道其原因，對解讀週期表是相當有幫助的。

　　水的分子式是 H_2O，較大的氧原子將電子強拉過來所以帶負電，極小的氫原子因無力把電子拉過來，所以帶著正電。像食鹽（氯化鈉）那樣，將正的鈉離子和負的氯離子區分開的，就是水的氧原子和氫原子，由於它們與氧原子和氫原子相互吸引，所以食鹽非常容易溶解於水中。

　　因為氦通常都不帶電，所以難溶於水，不過只要施加高壓，

那麼電子軌域就會歪斜，雖然只有一點點，還是會有部分的正和負產生。利用這點，就變得可溶於水了。

相較之下，氦是前後、左右、上下都對稱的完美球體。而且軌域也填滿電子，有著完美的安定性。因此即使施加高壓也不會分成部分的正和負，幾乎不會溶於水。

仔細閱讀過本章的讀者，或許心裡會有點納悶。為什麼選擇價格高的氦，卻不使用便宜的氬取代氦來混合呢？

實際上，氦氧混合氣體是十分昂貴的。指導我的潛水教練是參加關西新機場海底工程的潛水能手，而機場工程中使用的氣瓶內灌充的是十萬日幣左右的氦氧混合氣體，潛水者根本負擔不起。要是能夠用氬來替代，價格就會便宜很多，但很可惜，它無法拿來代替氦。

週期表越往下面，原子當然就越大。如此一來即使鈍氣是完全對稱的球體，最外層的電子軌域也會離原子核相當遠。這樣軌域就很容易歪斜，只要施加高壓，球型對稱的軌跡就會無法維持而變形，因此雖然少量但還是會溶解於水中。

以數值來看，直到氦下一個的氖為止，對水的溶解度都比氮低，但到了再下一個的氬，其溶解度卻比氮高。也就是說，完全無法預防氮醉的發生。

氙是理想的麻醉藥

隨著氬、氙，元素週期表越下方的元素，對水溶解度的程度越高。氙氣原本就不被期望會有預防氮醉（或麻醉）作用，雖然是實驗性的，但反而在醫院中被當作麻醉劑使用。

即使會溶於水，但由於氙是鈍氣因此不會引發化學反應，幾乎不會產生副作用，也被稱為理想的麻醉藥。但價格太高，只能使用於小行星探測衛星的氣體推進劑，一般醫療現場並無法隨意使用，要是價格可以更親民些，氙應該能成為代表性的麻醉藥。

由上可知，能避免氮醉發生的氣體須具備下列兩個條件。

條件一　電子軌域須填滿電子，也就是屬於週期表最右側的元素。

條件二　最小的元素，也就是週期表最上排的元素。

對照一下週期表，顯而易見能同時滿足這兩項條件的就是氦。鈍氣果然可以從週期表的位置推測出它們的性質，並在現實中也顯示出所推測的性質。這讓人感受到鈍氣之美的真實價值。

在第五章說過，橫向一行且性質相近的稀土元素是過渡元素中的過渡元素。相對於此，典型元素中縱向一列中最為相似

的鈍氣，可說是典型元素中的典型元素。它們是能讓人感受到
週期表深奧妙趣的元素，所以才格外詳細地加以介紹。

第七章
從週期表認清風險與健康

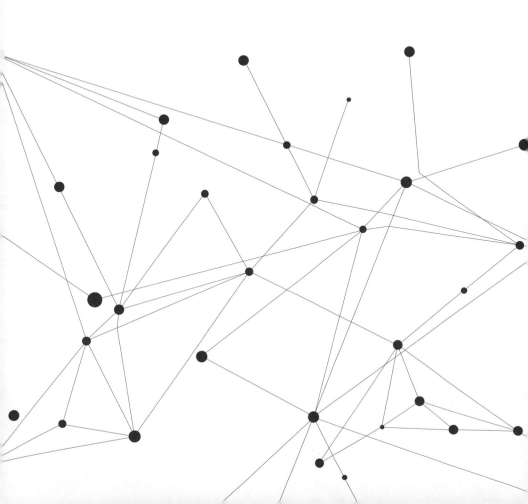

鋅、鎘、汞

除了以原子爐等人工製作出的之外，天然元素大約有 90
多種。其中有為了健康最好加以攝取的元素，以及因具有毒性
所以絕對不能接觸的元素。

開始接觸醫學時，我先記住與元素有關的健康資訊。之後
再重新審視了週期表，真是茅塞頓開。因為我察覺到從週期表
不但能了解元素的特徵和反應，而且也能幫助我們認識健康和
醫學方面的知識。

觀察週期表，最起碼能立即發現下面兩個法則。

①在週期表中，位於人體經常使用元素之正下方的元素，
大多帶有毒性。

②在週期表中，橫向同一行的過渡元素對健康有益還是有
毒的結果大致相同。

Group 12 的鋅、鎘、汞最能說明「在週期表中，位於人體
經常使用元素之正下方的元素，大多帶有毒性」這個論點了。

宇宙中，鋅算是比較多的，而人體也會積極利用鋅。而宇
宙中的鎘和汞相當少，直到人類擁有文明並挖掘出礦物為止，
人體沒什麼機會能夠接觸到它們。所以相對於為了健康要積極

攝取鋅這個元素，鎘和汞對人體來說卻是有毒的。

在週期表上，鎘和汞的位置在鋅的正下方。所以它們外層的電子軌域相當類似。也就是說，這 3 個元素的化學性質也很相近。

在守護健康方面這是相當糟糕的。因為就算是會對人體帶來傷害的元素，只要能快速通過就不會毒害身體。唯有被人體吸收才會發揮毒性。

而鎘和汞的化學性質跟鋅類似，所以要是循著鋅被吸收的模式，它們也會被人體所吸收。人體需要鋅，身體會因為有益健康而加強吸收鋅的功能。但這也同時增加了吸收鎘和汞的風險。

只不過就健康來說，鋅、鎘、汞排在週期表同一縱列也不全然是壞事。其實這反而能夠維護身體健康。

首先，分別說明一下鋅、鎘、汞這 3 個元素吧！

鋅（Zn）

對人類來說，鋅是不可缺少的元素之一。所有生物都必須依靠酵素來維持生命，而人體中，超過 100 種的酵素需要鋅來提升活性。要是缺少了鋅，那麼酵素就難以充分發揮它的功能，身體可能會因此出現許多不適症狀。

我想各位應該聽過，缺少鋅會造成味覺障礙，讓人的味覺變遲鈍。舌頭有能感受味道的組織，也就是味蕾。而要維護味蕾的健康，就需要藉由鋅讓酵素發揮功用。

鋅是有助於增強男性功能的成分，對於中高年男性來說，有這樣的強烈印象吧！在小型報刊的晚報中，不時可見寫著歪歪扭扭的「恢復男性功能！鋅的力量」等廣告詞。但可惜的是，鋅並不具有強精劑的效果。但鋅要是不足，精子的確不易形成。

精子是由其源頭的精母細胞快速進行細胞分裂後所產生的，而進行細胞分裂時，需要鋅讓酵素加以活化。因此鋅不足的話，就會出現精子形成障礙。

紅血球也相同，是藉由活躍的細胞分裂製造出的。所以鋅不足會使得紅血球變少，引起貧血。同樣的道理，白血球也可能會減少，故缺少鋅與免疫力降低也有關係。無月經、皮膚炎、甲狀腺機能低下等也都是因為缺少鋅所引起。

鎘（Cd）

鎘讓人最先想到的是痛痛病（鎘中毒症），它是日本四大公害病之一。在戰前至戰後這段高度經濟成長期間，富山縣神通川流域有不少患者發病。

罹患痛痛病的原因，與從神通川上游的神岡礦山排放含鎘

的廢水有關。因此下游栽種的稻米全都含有鎘，而將這些鎘米吃下肚的居民就出現了鎘中毒症。

一旦罹患鎘中毒症，全身的鈣質會大量流失，骨頭疏鬆，容易發生骨折。嚴重的話，只要稍微咳嗽或打噴嚏就會骨折，導致全身上下非常疼痛，所以才命名為「痛痛病」。

那麼造成鎘中毒症的神岡礦山到底在挖採哪一種元素呢？應該有許多人會認為「那還用說，當然是鎘囉」。直到在大學接受教導之前，其實連我也是這麼認為的。

其實神岡礦山挖採的不是鎘，而是鋅。

從神岡礦山挖採的鋅礦石，含有 1% 的鎘雜質。就是這些鎘雜質流入了神通川。

前面也曾說過，鋅跟鎘都是屬於 Group 12 的元素，不論是地球上還是宇宙中，這兩者大多會同時存在於一個地方。

鎘也是因為它是鋅的雜質，所以才被發現。一八一七年，德國的弗里德里希・斯特隆美爾擔任漢諾瓦王國的藥局監督長官，他在調查含氧化鋅的藥物當中是否有其他雜質的時候，偶然發現了這個新元素。

存在於宇宙的鎘，大概比鋅的 1/100 要略少一些。因此，神岡礦山的鋅礦石中含有 1% 的鎘，就元素性質來看是很正常的。

來自汞的電影角色

鎘會引起痛痛病，而汞則會引發水俁病。正確的說，發生在熊本縣水俁灣周遭的是水俁病，而發生在新潟阿賀野川流域的是第二水俁病。兩者都是因為化學工廠作為觸媒的汞洩漏所造成的。日本的四大公害病當中，扣除掉四日市氣喘，痛痛病、水俁病以及第二水俁病都是因為 Group 12 元素所造成的。

汞和甲基結合之後就會變成化合物的甲基汞，它具有溶於油脂的特性，所以容易被人體吸收。此外，甲基汞會跟稱為半胱胺酸的胺基酸反應形成複合體，然後進入腦內。最後中樞神經會受損，感覺系統會出現異樣，像是變得無法運動、視野異常狹隘、說話困難、手腳顫抖等嚴重情形。

能跟半胱胺酸結合也是鋅和鎘的共同特徵。其實鋅在守護健康的過程中，掌握重要關鍵的，就是與半胱胺酸的結合。也就是說，因為鋅是 Group 12 的元素所以才能跟半胱胺酸結合，做好守護健康的工作。但汞也同樣因為是 Group 12 的元素，所以能與半胱胺酸結合，但它反而對身體有害，這是不是太諷刺了呢？

過去因為疏忽對汞的管理，在一些領域發生了危害健康的事件。尤其是當時利用化學反應進行煉金工作的煉金師。

就如第二章說明過的，金因為是元素，所以除非是超新星爆炸，否則根本是不可能新提煉出來。但過去的人深信透過化

學反應就能從其他金屬提煉出金。而汞就是強而有力的候選元素，經常被拿來進行實驗。在實驗過程中，汞會進入煉金師的體內。

跟水俁病事件相比，煉金時進入體內的汞相當的少，但如果長期間受到影響，那麼即便微量也會對中樞神經造成傷害。所以之後陸續有煉金師出現精神異常的症狀。

在歐美製作的卡通或電影當中，經常出現那種無厘頭的科學家。英文也有 mad scientist（瘋狂科學家）的說法。聽說這些是以有汞中毒情形的煉金師為原型所創作出來的角色。

因為當時還不曉得是汞造成中樞神經損傷，因此誤認為是化學實驗造成的。當然現在的研究室有嚴密的管理，進行實驗的人不必擔心汞進入體內。

能否跟硫契合是關鍵

Group 12 的鋅、鎘、汞的共通點中，最關鍵的就是它們都容易與硫結合。

其實，鋅有助於身體健康，以及鎘、汞對身體有害，這些現象都和是否能跟硫結合有關。最起碼對人體來說，Group 12 的元素可說是「成也硫，敗也硫」。

硫在人體內的含量位於第七名，以原子數來說，人體的
0.04% 是硫。剛剛提過甲基汞因為跟半胱胺酸結合，所以才會
對人體造成傷害，而這也是因為半胱胺酸含硫所造成的。

胺基酸中，甲硫胺酸和半胱胺酸含有硫，所以也稱為含硫
胺基酸。硫也稱為「硫磺」，而「含硫」就是含有硫的意思。

事實上，人體中大部分的酵素都含有甲硫胺酸和半胱胺
酸。鋅利用和硫結合的能力，讓自己發揮提高酵素功能的作用。

另外，鎘和汞也是藉著跟含有酵素的甲硫胺酸和半胱胺酸
結合，讓酵素功能產生變化，但絕大部分是讓鎘和汞產生毒性。

與硫正確結合的鋅是健康的守護者，而和硫錯誤結合的鎘
和汞則是健康的大敵。

我們曝露在比過往多十倍量的汞之中

發展出文明的人類將深埋於地底下的鎘和汞挖掘出來，雖
然微量，但這些金屬元素可能每天都會從口進入體內。

尤其是汞，人們利用日光燈內側的螢光塗層與汞蒸氣進行
作用，使紫外線變成可見光。此外，汞曾被廣泛用作溫度計和
牙科治療的填充材料，因此據說有不少的汞洩漏到環境中。

海德堡大學的威廉・蕭迪克博士對遠離加拿大和格陵蘭人

類居住的泥炭地地層進行汞含量的調查。根據調查可以推估在過去的一萬四千年間，環境中累積的汞含量。

從調查結果知道，從十六世紀開始，汞含量逐漸增加，而自十八世紀工業化起，汞含量更是快速增加，大概在一九五〇年後半，環境中的汞含量大約是之前的一百倍。因為環境意識抬頭，在那之後慢慢減少，但現在我們所接觸的汞含量大概也是過去的十倍之多。

再看看自然界，甲基汞會在食物鏈中被濃縮，所以越是位於食物鏈上層的動物，甲基汞含量越多。從此調查可知，日本人喜歡吃的鮪魚、旗魚以及紅金眼鯛等魚類，牠們應該有相當程度的含量。

也因此，日本的厚生勞動省針對每一魚種標示出孕婦一星期的最多攝取量以及次數。當然，大人吃超過建議攝取量是不會有太大問題，但胎兒因為正值中樞神經發展的過程，可能影響甚大。所以為了保險起見，才限定了攝取量。

那麼日常生活中，進入人體的汞和鎘是否會危害健康呢？這是一個很難回答的問題。理論上，即便是微量，還是不希望有重金屬進入身體吧！

但實際上，要以科學角度來判斷微量重金屬進入體內會產生哪些傷害是很困難的。在現實狀況中，只能說「對健康不會造成立即性的傷害」。這就像不管問政府或電力公司多少次，

福島核災事故會對人體造成何種影響，所得到的官方說詞都是這一句。

如果是接觸到大量的輻射，最慢大概也是兩個月至三個月，會出現白血球減少，免疫力降低；或血小板減少，出血不會停止的症狀。這又稱為「急性輻射症候群」。因為有相關的科學數據，所以可以知道曝露到哪一個程度才會發生，只要降低曝露量應該就「對健康不會造成立即性傷害」。

但即使是不會造成急性輻射症候群的微量輻射，也可能會破壞遺傳基因，增加罹患癌症的機率。而這是在曝露於輻射之後，經過兩年以上才會出現的，所以稱為「晚發性輻射症候群」。

會導致晚發性輻射症候群的輻射量也是有科學數據的，但關於微量輻射是否會對人體造成影響的研究仍然不明。醫生使用的輻射醫學教科書中，可以看到橫軸標示為曝露量，縱軸則是引發癌症之機率的圖表，曝露量較少的區塊，不是實線而是點線來呈現。為何要以點線來標示呢？這是因為這並不是實驗所得的結果，而是推估出來的。

之所以用「不會立即對身體造成傷害」這種看似不負責任的說法來搪塞，或許也是迫於無奈吧！

或許有些偏離主題，但汞和鎘也會發生像福島核災事故一樣的情形。其實有些學者主張，如果是過著普通的生活，那麼

就算有重金屬進入體內也不需要過度擔心，但也有一些學者認為，即使少量也會對中樞神經產生影響。令人擔憂的是，諸如嗜睡、易怒等症狀可能就是由微量汞所引起的。

排毒療法的功與過

將體內微量的汞和鎘竭盡全力地排出體外，這並非不可能，可以倚靠俗稱的「排毒療法」。按照下面的步驟就能將重金屬排出體外。

首先是以點滴將可以跟汞和鎘結合的螯合劑注射進體內。螯合原本就是「蟹螯」的意思，它的化學結構式真的就像用螃蟹的螯抓入東西的樣子，跟汞或鎘結合。螯合劑經由腎臟被過濾，然後帶著汞和鎘跟尿液一起排出體外。

但人體需要的鋅也可能跟著螯合劑一起被帶出體外。那麼失去的鋅就必須再另外以點滴來補充。

所謂的排毒療法越來越普遍，最近連岩盤浴以及鍺溫浴等也都曖昧含糊地廣泛使用這個詞彙，號稱具有排毒功效。但醫療界所指的排毒療法是必須經過前面介紹的醫療程序才算數。

這種使用螯合劑的排毒療法違反了大自然的安排。而且說不定有些未知成分會因為螯合劑而流失，若是這樣，即便是醫

生，可能也會因為不知道流失哪種成分而無從補充。

　　如果因為職業的特殊性，使得大量的汞和鎘進入身體，那麼就需要用這個方式來治療了。不過如果是日常生活中不小心進入體內的話，那麼使用排毒療法治療對身體造成的傷害，說不定會比得到的好處要大上許多。

　　就目前的情形，對汞和鎘採取「拒絕往來戶」的警備狀態可能太誇張了。我覺得只要有「適當注意」的心態就可以了。

　　那麼所謂的「適當注意」要怎麼做呢？我們用週期表來說明吧！

　　前面我們談到在週期表上，因為汞和鎘在鋅的正下方所以會對身體帶來傷害。但另一方面，鋅同時也具備了預防汞和鎘對健康造成傷害的作用。

　　汞和鎘之所以會進入體內，是因為混進身體吸收鋅的機制當中。因為缺少鋅而使得體內出現空位時，汞和鎘就很容易被吸收而去填補那個空位。但如果能攝取足夠的鋅，汞和鎘就搶不到位子，自然就不會被吸收了。尤其是鎘，在週期表上就在鋅的下面，所以這種傾向更為顯著。

　　對身體健康來說，鋅是不可或缺的，但要是攝取過多的話，反而會讓好的膽固醇（高密度脂蛋白膽固醇，HDL-C）減少，對身體健康造成不好的影響。不過對吃太多加工食品的現代人來說，大部分都有鋅攝取不足的現象。然而只要飲食均衡，

到目前為止還沒聽說過有人因為攝取過多的鋅而影響到身體健康。吃含鋅食物不但能預防汞和鎘帶來傷害，同時也能補充足夠的鋅，當然要積極食用了。

牡蠣、牛肉、鰻魚、堅果類都含有豐富的鋅，建議日常的飲食生活不妨積極攝取。

典型元素中的其他毒性元素

接著介紹 Group 12 元素中，在汞下面的鎶（Cn）元素。這是以鋅等為基礎，以人工方式製造出的元素，推測它的化學性質與汞十分相似，但真實與否尚不明確。因不屬於天然物質，所以不會經由嘴巴進入人體，但要是它真的進到體內的話，應該跟汞一樣會影響到身體健康。

到目前為止，我們已詳細說明了 Group 12 的鋅、鎘和汞的關係，而「在常用元素正下方的元素帶有毒性」這個法則，同樣也適用於典型元素。我們從 Group 1 開始依序說明。

經過十萬年也分秒不差的銣鐘錶

Group 1

我們已經談過第三週期的鈉，以及第四週期的鉀。

接下來我們要談的是，第五週期的銣（Rb）元素。

自研究所畢業之後直到進入醫學院讀書之前的這五年，我曾經在 NHK 擔任主播，在那個時候，幸好每天多虧了有銣的幫忙。

主播最感到緊張的，就是報時的瞬間。

因為是自動定時播報，所以要是在時間內沒有讀完稿子，聲音會自行切斷。在日本業界，將這種聲音被以報時訊號切斷的時刻稱為「播報尾」。就是播報結束的意思。

為了避免出現「播報尾」，而讓新人主播戰戰兢兢的 NHK 報時，使用的就是以銣運作的原子時鐘。原子時鐘是利用原子和分子來計算正確時間的。

一般的銣時鐘大概一年會慢個 0.1 秒。這已經是相當厲害了，但 NHK 使用的高性能時鐘，就算經過十萬年也分秒不差。聽說民營電視台所使用的是精準度遠遠不及銣時鐘的石英振動式電子鐘錶。應該要使用具備高性能的設備呢？還是降低收視費用呢？各有不同的意見與討論。

在醫療方面銣也有它的用途。在原子最外層軌域只有 1 個電子環繞的銣，當進入到體內，它的運作模式要比鉋更像鉀。

利用這個性質，可以使用於 PET（正子斷層造影）的檢查。在心肌梗塞的診斷更能發揮它的作用。

如果是健康的心臟，鉀會跟著血液一起被輸送到心臟的肌肉，然後被細胞吸收。不過當心肌梗塞發生，肌肉出現壞死情形，那麼就算血液流通再次恢復正常，細胞也無法再吸收鉀。而銣進入體內也可以發揮和鉀相同的作用，只要以 PET 觀察銣的活動，就可以知道肌肉是否有所活動，並且正確診斷出心肌梗塞的狀態。

因為銣可用於醫療方面，所以只要是微量的應該就沒問題，但要是大量攝取，就會引起鉀代謝異常，然後產生毒性。這果然符合了，週期表中在人體常用元素正下方之元素具有毒性的說法。

世界標準時間是由銫決定的

Group 1

第六週期的元素是銫。在福島核災事故之後，「銫帶有輻射能，是對人類有害的元素」這個想法已根深柢固。但這對銫來說並不是很公平。

在福島核災事故發生前，其實我也認為「銫是可支持高科技的一個酷元素」。這是因為作為全球時間基準的原子時鐘就

使用了銫。

　　NHK 的銣時鐘十萬年會有一秒的誤差，而銫時鐘卻是一百四十萬年只會有一秒的誤差。這樣在高科技之下產生的高精度時鐘，價格之昂貴連 NHK 也買不下手。促使行動電話和網路的通訊順暢就需要有準確的時間管理，而能滿足這個要求的就只有銫了。

　　接在銣之後，銫也被應用於原子時鐘，這件事當然並非出於偶然。它們同屬於 Group 1 的元素，最外層軌域都只有 1 個電子。原子時鐘就是利用這個特性製造的。

　　而原子時鐘所使用的是穩定的銫 -133 同位素。原子核是由 55 個質子跟 78 個中子所構成的，兩者合計就是原子量的 133。另外帶有輻射的銫 -137，質子有 55 個，中子有 82 個，多了 4 個。也為此原子核相當不穩定，才會放射出輻射而衰變。當然銫 -137 是不能夠使用於原子時鐘的。

　　但即使是令人頭痛的銫 -137，在過去就已廣泛用於醫療界。手術時需要的輸血用血液，在使用前要先經過銫 -137 的輻射照射。輸血時，就算是同一血型，白血球的類型也會不一樣，所以輸入的血液當中的白血球會攻擊被輸血者的細胞。為了避免這個情形發生，必須以輻射照射讓白血球失去活性。銫 -137 的生成十分簡單所以價格不貴，使用範圍相當廣泛。

　　銫 -137 也可以使用在癌症的治療上。當喉嚨發現了惡性腫

瘤，要是開刀切除可能會失去聲音。因此如果是小的惡性腫瘤，那麼將輻射物質埋入腫瘤，以輻射擊敗癌細胞的治療方法已實際被應用了。銫 -137 的半衰期相當長，很適合作為治療用。擔心可能成為致癌原因的銫 -137，卻也能夠用來治療癌症，有一點諷刺不是嗎？

銫能作為醫療使用的，也只有具有輻射的銫 -137 而已。至於不帶輻射的銫 -133，元素本身所帶的毒性是對人體有害的。

鋇是劇毒

Group 2

就如各位所知，人體經常需要利用到週期表左側第二列中第三週期的鎂以及第四週期的鈣。

但可能沒有太多人知道，第五週期的鍶其實也存在於骨頭中。福島核災事故中，雖然具有輻射性的鍶造成了問題，但沒有輻射的普通的鍶並不具有毒性。

另外，第六週期的鋇（Ba）幾乎不存在於人體中。事實上，鋇一旦進入體內會引起鋇中毒，引發呼吸困難，甚至是造成死亡。這又符合了在人體常用元素正下方之元素具有毒性的說法。

對於鋇帶有劇毒這件事感到相當意外的人應該不少吧。鋇

經常用在醫療檢查上，像是在消化道的 X 光檢查中，就會請患者服用或灌入鋇劑，讓檢查部位能夠在 X 光上顯現而攝影。因此應該會有不少人覺得「這麼可怕的元素，就算是檢查必要的，也不太想去喝它」吧。

不過，檢查所使用的是稱為硫酸鋇的化合物。由於它不會溶解於水跟酸，所以喝下肚也不會被腸胃吸收。因此喝下去的硫酸鋇會直接通過腸胃，跟糞便一起排出體外。所以完全不必擔心會發生鋇中毒的情形。但若是把單獨呈離子狀態的鋇喝下肚的話，可是會致命的（話雖如此，但也不會有醫院讓病患喝下那種東西吧）。

從 Group 3 到 Group 11 是過渡元素，而從 Group 12 開始又是所謂的典型元素。我們已經介紹了 Group 12 的鋅、鎘、汞，所以就直接說明 Group 13 的元素吧！

Group 13

如第三章說明的，第二週期的硼（B）因為質子與中子的關係，宇宙中只有極少量，因此人體不會經常利用到它。第三週期鋁後面的元素也是，人體幾乎不會用到，所以 Group 13 被排除在法則外。

Group 14

　第二週期的碳是構成人體的基本元素，而第三週期的矽則只有微量存在於人體內。

　岩石中含有相當豐富的矽，但因為不溶水，所以在體內並不會發生化學反應，就算生命體想要利用也沒辦法利用。就因為它對健康沒有任何益處，所以也不會損害到健康。也就是說，矽既非毒也非藥。這也被排除在法則外。

Group 15

　第三章我們曾提過，第二週期的氮、第三週期的磷豐富存在於人體內，而為了生存就必須積極利用。

　大部分的人應該都知道，第四週期的砷（As）具有毒性吧。發生於和歌山的咖哩毒殺事件，就是以砷奪取人的性命。

　此外，第五週期的銻（Sb）也是劇毒，也曾使用於殺人事件中。最有名的應該是一八五三年在英國發生的案件，威廉‧帕爾默醫生為了詐領保險金而殺人。

　他幫妻子和兄弟投保鉅額的人壽保險，然後使用銻將他們毒死，為的就是詐領保險金。因為這個案件，英國訂定了不能任意投保的法律。這條法律名為「帕爾默法」，就是以犯人的名字來命名。

Group 15 也符合「在人體常用元素正下方之元素具有毒性」這個法則。

Group 16

在 Group 16 中，第二週期的氧和第三週期的硫（S）是人體經常利用到的元素。問題是下面的硒（Se）。

硒是含於蔥、玄米以及牡蠣和沙丁魚的微量元素，其抗氧化能力是維生素 E 的五百倍，並具有預防癌症、動脈硬化以及改善更年期障礙症狀的功效。因此對人體來說，硒是必須的元素。

但大量攝取硒的話，除了會誘發癌症外，也是引起高血壓和白內障的原因。也就是說，既對人體有益但也有害的元素非硒莫屬了。事實上，在週期表位於硒下方的碲（Te）也具有毒性。

我個人覺得 Group 16 符合法則，但可能有些讀者會採相反意見，為了避免爭論，暫不刻意去分類。

Group 17

在 Group 17 中，第三週期的氯以及第五週期的碘（I）是人類經常利用的元素。但週期表上，位於碘下面、第六週期的砈（At）是人工合成的元素，並不存在於自然界中。因而討論它是否具有毒性是無意義的。

因此，就法則來看 Group 17 是被排除在外的。

位於週期表最右邊的 Group 18 的元素，就如第六章說明的，它們稱為鈍氣，幾乎不會產生化學反應。所以對生命來說不是毒也不是藥。它們也是排除在法則外的。

同一橫向（行）的過渡元素性質大致相同

從 Group 3 到 Group 11 的過渡元素，性質相近的並不是縱向（列）的元素，而是同一橫向（行）的元素。所以使用週期表時，要注意的應該是橫向（行）元素間的共通性。

就對人體的影響而言，是否有毒或對健康有益，過渡元素的性質也不例外，畢竟可認為同一橫向（行）的元素性質幾乎相同。

有關典型元素，我們是以族別（縱向）來說明，但過渡元素就要以週期別（橫向）來解說了。

第四週期的過渡元素有鈧（Sc）、鈦（Ti）、釩（V）、鉻（Cr）、錳（Mn）、鐵（Fe）、鈷（Co）、鎳（Ni）、銅（Cu）。

其中對人體最為重要的，當然就是鐵了。如第三章說明的，鐵是紅血球中所含血紅蛋白的材料，缺少了它就無法將氧輸送到全身，並且也會出現貧血症狀。此外，細胞在進行分裂時也需要鐵，因此當身體缺少了鐵，喉嚨和腸胃等細胞分裂進行較活躍部位的黏膜就會出現問題了。

第二重要的應該就是銅了，因為缺少了它也會貧血。而且骨骼以及動脈也會發生問題，另外也會出現腦部障礙。

鈷是構成維他命 B12 的元素，鈷不足時同樣也會出現貧血症狀。

第四週期的過渡元素，因為每一種對人體來說都只需要微量，所以只要平時稍微留心攝取就可以了。

第五週期的過渡元素有釔（Y）、鋯（Zr）、鈮（Nb）、鉬（Mo）、鎝（Tc）、釕（Ru）、銠（Rh）、鈀（Pd）、銀（Ag）。除了銀之外，其他都是很少聽過的元素。第五週期的過渡元素毫無疑問會產生對人體有害的弱毒性。

唯一需要注意的是鉬。對人體來說，鉬是必需元素，它存在於體內酵素的活性部位。不過人體每天大概也只需要 0.02 毫克的鉬，也就是只有 1 公克的 1/50000 而已。

基本上鉬也是具有弱毒性的元素，正因為如此，第五週期的過渡元素對人體具有弱毒性的這個法則，也適用於鉬。

第六週期的過渡元素看起來好像只有 8 個，但其實就像第

五章說明的，原子序數 57 至 71 為止的鑭系元素是標示於欄外，所以其實總共有 23 個。鑭系元素當中，產業界最為注目的是稀土元素。但第六週中每一個元素名聽起來都很陌生，其中較為熟悉的應該只有鎢（W）、鉑（Pt）、金（Au）吧！

宇宙中，每一個第六週期元素的含量都相當的少，也不是人體所必需的。更因為是重金屬所以可能含有毒性，幸好它們都不會殘留在體內，因此並非是劇毒。

如果要去研究它們對人體會產生哪種影響的話相當沒意義，而實際也沒有太多人去研究它們。只要了解：鉑化合物的順鉑（Cisplatin）是抗癌藥物，至於金化合物可以做為治療慢性風濕性關節炎的藥物，就足夠了。

本章中我們說明了典型元素的「常用元素正下方之元素具有毒性」，以及過渡元素的「同一橫向（行）的元素性質大致相同」這兩項法則。

有關元素的健康資訊，如果想分別記住每一個的話會太複雜，恐怕會覺得厭煩。但要是能透過週期表分類，應該就能清楚學習到健康資訊了。這種方法不但簡單，而且也讓我們記住元素與人體本質上的關聯性。

日常生活中如果有機會接觸到元素，請查看一下週期表吧。透過週期表的縱向（列）以及橫向（行），將原本片斷的知識整合起來，讓它變成可以活用的智慧。

後記

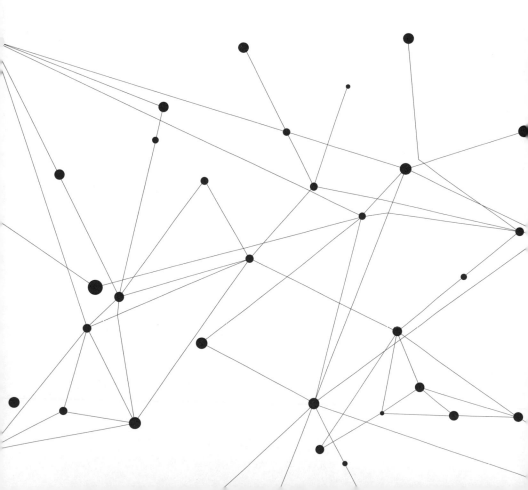

看完本書，請試著回答下面的問題吧！

美國、法國、俄國、德國以及波蘭擁有日本所沒有的東西。到底是什麼呢？當然跟元素有關係！

答案就是帶有各國名稱的元素。鋂（Am）及鍅（Fr）都是以國家名稱來命名的。釕（Ru）、鍺（Ge）、釙（Po）則是以拉丁語，表示俄國、德國、波蘭的 Ruthenia、Germania、Polonia 來命名的。但到目前為止還沒有以日本來命名的元素。

雖然覺得很可惜，但這也是無可奈何的。因為沒有任何一個元素是日本人發現的。

但是在二〇一二年九月，說不定這個紀錄會被打破的消息在全世界傳開。日本理化研究所發現了原子量 113 的新元素且受到國際的認可。因為是由發現者幫新元素命名的，所以預計新元素可能會以「Japonium」來命名。※

這個消息之所以被大肆報導的理由，是因為日本希望能在激烈的國際競爭中獲得其他國家尊重。不同於單純將原子組合的化合物，元素是普遍存在於地球上的。我們無法擔保人類會存活至哪一個時候，但在太陽膨脹變成巨大紅色行星的五十億年後，地球上的生物應該全都消失了吧。而在那之後，只要宇宙還存在，那麼元素就還會繼續存在。就因為了解到元素世界是如此浩瀚，我才寫這本書的。

週期表的本質就像科學已經到達曼陀羅境界。這是我在最

後送給各位的一句話。

我前往尼泊爾旅行時，在西藏佛教寺院看到了巨大曼陀羅的壁畫。凝視它時，心中的雜念一掃而空，心靈感到十分平靜，那時的感受直到現在我都還記得。

僧侶告訴我，曼陀羅所呈現的是宇宙的調和。曼陀羅上的佛像是以橫向與縱向均衡配置的。讓我感到驚訝的是，此世界觀跟週期表是共通的。或許所謂宇宙最終的真理就必然以這種方式來呈現。

各位讀完本書之後，應該能理解週期表並不只是元素一覽表。只要從某種觀點來看週期表，就能一眼看清宇宙及生命的奧祕。或許不是那麼明顯，但我們的人生可能因此而變得更加豐富。用心去觀察週期表，應該就像凝視曼陀羅那般，可以讓我們放開心胸，忘卻世俗的煩惱以及壓力。

我也邀請了學會的其他研究夥伴，希望能將週期表的魅力告訴更多人。另外，我參與製作的廣播節目也設計了一系列有關週期表的節目，沒想到閱聽者的反應相當熱烈。而剛好光文社新書編輯部的三野知里小姐也是其中一位，因為她的努力才有幸出版了這本書。真的非常感謝她。

※ 編注：2016 年日本提出了「Nihonium」之名，並於同年獲國際共同認可。中文命名為鉨。

最近，即使是上班族仍積極進修、努力充實自己的人數有所增加。要讓成年人有效吸收知識的話，就必須刺激他們的大腦，讓他們感到心動，讓他們發現科學的有趣之處。如果這是一本能讓你有此感受的書，那對我來說會是莫大的榮幸。

東京理科大學客座教授　吉田隆嘉

後記

看懂元素週期表，掌握生命奧祕：醫學博士帶你輕鬆了解從宇宙到人體的運作原理
元素周期表で世界はすべて読み解ける 宇宙、地球、人体の成り立ち

作者　吉田隆嘉（吉田たかよし）

譯者　黃瓊仙（1～3章）、張秀慧（4～7章）

社長　陳蕙慧

副總編輯　李欣蓉

主編　李佩璇

行銷　陳雅雯、尹子麟、洪啟軒、余一霞

封面設計　黃鈺茹

內頁排版　黃讌茹

讀書共和國出版集團社長　郭重興

發行人兼出版總監　曾大福

出版　木馬文化事業股份有限公司

發行　遠足文化事業股份有限公司

地址　23141 新北市新店區民權路 108-3 號 8 樓

電話　(02)22181417

傳真　(02)22180727

Email　service@bookrep.com.tw

郵撥帳號　19588272 木馬文化事業股份有限公司

客服專線　0800-221-029

法律顧問　華洋國際專利商標事務所　蘇文生律師

印刷　成陽印刷股份有限公司

初版　2020 年 07 月

定價　300 元

特別聲明：有關本書中的言論內容，不代表本公司／出版集團之立場與意見，
文責由作者自行承擔

看懂元素週期表，掌握生命奧祕：醫學博士帶你輕鬆了
解從宇宙到人體的運作原理 / 吉田隆嘉著 . -- 初版 . --
新北市：木馬文化出版：遠足文化發行, 2020.07
　面；14.8x21 公分
ISBN 978-986-359-453-6(平裝)

1. 元素 2. 元素週期表

348.21　　106018673